新农村快速致富宝典丛书

水貂健康高效养殖
新技术宝典

高明 高立杰 编

化学工业出版社

北京

内容简介

《水貂健康高效养殖新技术宝典》共分 9 部分，包括水貂养殖发展概况、水貂的生物学特性和品种、水貂养殖场设计与环境安全控制新技术、水貂选育与繁殖新技术、水貂饲料安全配制加工新技术、水貂健康高效生产管理新技术、水貂养殖场卫生防疫新技术、水貂的取皮及产品初加工、水貂疾病的防治措施。内容上涵盖了水貂养殖的全过程，注重实用生产技术的应用，同时阐明了一些水貂养殖基本理论知识，为生产技术的应用提供理论依据，便于养殖户更深入地理解养殖新技术的作用和目的，更好更准确地应用养殖新技术。

本书在编写过程中力求做到系统全面、深入浅出、通俗易懂且实用性和操作性强。本书适合广大养貂专业户、水貂养殖场相关人员学习之用，也可供相关科研人员和职业院校相关专业师生参考。

图书在版编目（CIP）数据

水貂健康高效养殖新技术宝典/高明，高立杰编.—北京：化学工业出版社，2023.5

（新农村快速致富宝典丛书）

ISBN 978-7-122-42837-0

Ⅰ.①水… Ⅱ.①高… ②高… Ⅲ.①水貂-饲养管理
Ⅳ.①S865.2

中国国家版本馆 CIP 数据核字（2023）第 053798 号

责任编辑：尤彩霞　　　　　　　　　　文字编辑：邓　金　师明远
责任校对：宋　夏　　　　　　　　　　装帧设计：张　辉

出版发行：化学工业出版社（北京市东城区青年湖南街 13 号　邮政编码 100011）
印　　装：三河市延风印装有限公司
850mm×1168mm　1/32　印张 7¼　字数 202 千字
2023 年 10 月北京第 1 版第 1 次印刷

购书咨询：010-64518888　　　　　　售后服务：010-64518899
网　　址：http://www.cip.com.cn
凡购买本书，如有缺损质量问题，本社销售中心负责调换。

定　　价：**49.00 元**　　　　　　　　　版权所有　违者必究

《新农村快速致富宝典丛书》
编委会

丛书序

多年来，养殖业一直作为我国广大农村的支柱产业，在增加农民收入、促进农村脱贫致富方面发挥了积极作用。随着我国城镇化进程的加快和居民生活水平的提高，人们对肉、蛋、奶的消费需求越来越大，对肉、蛋、奶质量安全水平的要求也越来越高。如何指导养殖场（户）高效生产出优质、安全的畜产品的问题就摆在了畜牧科技工作者的面前。

近几年，部分畜产品行情不是很乐观，养殖效益偏低或是亏损，除了市场波动外，主要原因还是供给结构问题，普通产品多，优质产品少，不能满足消费者对畜产品优质、安全的需求。药物残留、动物疫病、违禁投入品、二次污染等已经成为养殖者不得不面对、不得不解决的问题。

养殖业要想生存就必须实行标准化健康养殖，走生态循环和可持续发展之路。生态养殖是在我国农村大力提倡的一种生产模式，其最大的特点就是在有限的空间范围内，利用无污染的天然饵料为纽带，或者运用生态技术措施，改善养殖方式和生态环境，形成一个循环链，目的是最大限度地利用资源，减少浪费，降低成本。按照特定的养殖模式进行增殖、养殖，投放无公害饲料，目标是生产出无公害食品、绿色食品和有机食品。生态养殖的畜禽产品因其品质高、口感好而备受消费者欢迎，供不应求。

　　基于这一消费需求，生态养殖、工厂化养殖逐渐被引入主流农业生产当中，并受到国家高度重视。同时，基于肉、蛋、奶等农产品的消费需求及国家对农业养殖的重视、补贴政策，化学工业出版社与河北农业大学动物科技学院、动物医学院（中兽医学院）等相关专业老师合作组织了"新农村快速致富宝典丛书"。每本书的主编均为科研、教学一线的专业老师，长期深入到养殖场（户）进行技术指导，开展科技推广和培训，理论和实践经验较为丰富。每本书的编写都非常注重实用性、针对性和先进性相结合，突出问题导向性和可操作性，根据养殖场（户）的需求展开编写，注重养殖细节，争取每一个知识点都能解决生产中的一个关键问题。本套丛书采取滚动出版的方式，逐年增加新的版本，相信本套丛书的出版会为我国的畜牧养殖业做出应有的贡献。

　　　　　　　丛书编委会主任：
　　　　　　　河北农业大学动物科技学院　教授
　　　　　　　2017 年 7 月

前 言

　　水貂皮细柔丰厚，色泽鲜艳，皮板轻便，御寒性好，是制裘工业的高档原料，号称"软黄金"，与狐皮、波斯羔羊皮一同被誉为"世界三大裘皮支柱"，深受消费者喜爱，一直是国际裘皮市场中最畅销的商品之一。

　　近年来，随着改革开放和经济的发展，我国人民生活水平不断提高，与此同时已经由吃得饱、穿得暖转变为吃出健康、穿出高档和时尚。基于这一需求，特种经济动物养殖，在一些地方已形成局部产业优势，成为当地农民致富奔小康的经济增长点。我国的养貂业发展迅速，养殖数量逐年扩大，养殖区域已扩展至河北、山东、辽宁、黑龙江和吉林等14个省份。我国虽已成为世界第一养貂大国，但在养殖过程中仍然存在一些阻碍产业持续、稳定和高效发展的瓶颈问题，如养殖技术水平较低且不平衡、优良种貂数量少、繁殖成活率低等。为了满足广大养殖者对养貂实用技术的需求，提高技术水平，增加经济效益，笔者在总结了近些年养貂技术成果和国内外相关资料的基础上，编写了《水貂健康高效养殖新技术宝典》

一书。

《水貂健康高效养殖新技术宝典》一书编者虽尽心尽力，但因时间仓促，书中难免有不足和疏漏之处，敬请广大读者批评指正。

编者
2023 年 2 月

附本书中单位说明对照表：

单位名称	吨	千克	克	毫克	微克	米
对应国际标准符号	t	kg	g	mg	μg	m
单位名称	厘米	毫米	微米	公顷	平方米	立方米
对应国际标准符号	cm	mm	μm	hm^2	m^2	m^3
单位名称	平方厘米	光照强度/勒克斯	升	毫升	天	小时
对应国际标准符号	cm^2	lx	L	mL	d	h
单位名称	分钟	摄氏度	千焦	兆焦	国际单位	瓦
对应国际标准符号	min	℃	kJ	MJ	IU	W

目 录

第七章　水貂养殖场卫生防疫新技术 …………… 155

第一章　概述

一、水貂养殖发展概况

经过多年的发展和积累，水貂养殖业已逐渐成为毛皮动物的主导产业之一，我国已成为世界上最大的毛皮产品生产国、出口国和消费国。水貂养殖产业在促进农民增产增收、繁荣农村经济和完善畜牧产业链，以及维护生态平衡、保护野生动物资源等方面发挥着重要作用。

（一）国外水貂养殖发展概况

1. 国外水貂养殖历史

1920年，第一个水貂养殖场在斯堪的纳维亚建立。20世纪30年代时，水貂养殖业跟随银黑狐养殖由北美洲进入北欧并迅速在丹麦、芬兰立足。第二次世界大战后不久，北欧（丹麦、芬兰、挪威和瑞典）成为最重要的水貂生产地。目前水貂皮生产量最大的国家依次为中国、丹麦、芬兰、美国。其中，美国的水貂养殖历史最长，饲养技术最先进。我国的水貂种源主要引自丹麦和美国。

2. 国外水貂养殖模式

当前，国外的水貂养殖业发展模式以美国为代表的北美模式和以丹麦为代表的北欧模式为主。两种养殖模式都是在行业协会领导下的合作社制度，产业竞争的重点都是放在国际市场。从事水貂养殖的小业主以自愿的形式加入合作社，提供所生产的毛皮，合作社统一组织运作市场，按照社员提供的毛皮量来分配净收益。合作社负责为成员提供相关设施及各项配套服务，包括建立种兽繁育场、饲料加工厂、饲养设备加工厂、毛皮拍卖行、研发中心，同时与大专院校、科研单位合作，开展育种、营养、设备、疾病防治、市场开发等多方面的研发工作。作为社员的业主只需支付相关服务的成本费用，主要负责水貂的饲养；种兽由指定的种兽场提供，饲料由专门的饲料加工厂统一配制加工，送货上门；棚舍、笼箱、饲养设备、取皮设备等由专门的饲养设备加工厂制作。这种合作社制度使北欧和北美饲养场的综合实力显著提高。机械化喂食、自动化饮水、半机械化取皮，加上现代化的计算机处理系统，极大地提高了生产效率。一般饲养1万只水貂的水貂养殖场只需1～2人，饲养10万只水貂的水貂养殖场只需10人从事日常管理工作。种兽、饲料、技术、管理、经营模式的统一，保证了各项管理工作的科学化和规范化。因此，水貂的生产水平、产品质量水平都较高且相对稳定。

在管理方面，各国是通过本国的毛皮养殖协会对全国养殖场进行领导管理。各养殖场严格参照由毛皮养殖协会制定的标准进行养殖生产，管理工作非常规范有序。

在销售方面，国际上主要采取拍卖会的形式出售毛皮。养殖户首先按毛皮的等级进行分类，然后通过毛皮中心以拍卖方式出售。毛皮中心对毛皮进行取样、分级与储存后，参照统一的毛皮等级划分标准，保证养殖户的产品卖到最理想的价格，同时负责拍卖后毛皮的包装、运输，以促进裘皮拍卖顺利进行。目前全球一半以上的毛皮交易业务是在哥本哈根完成的，原皮的世界价格也是在隶属于丹麦毛皮养殖协会的哥本哈根毛皮中心举办的拍卖会上制定的。

在动物福利方面，欧美国家毛皮养殖户十分重视动物保护，尊重动物的生长权利，完全按照"毛皮动物福利联盟遵守人道的标准"饲养动物，在屠宰方式上也采取人道主义。在美国，养殖户要严格遵守美国兽医医疗协会的建议，对养殖的貂采取安乐死。他们认为，对动物实行人道主义，是所有毛皮动物养殖户的责任和义务。

正因为欧美国家在水貂饲养、管理、产品加工、销售等各个环节都有相对完善、配套的制度和体系，所以这些水貂生产强国在面对其他水貂生产国家时，依靠自身的优良种源和产品质量，始终保有自己的竞争优势，在水貂国际市场上地位稳固。

（二）我国水貂养殖发展概况

1. 我国水貂养殖历史

我国的水貂养殖起源于 1956 年引入的 50 只水貂，虽然起步较晚，但发展迅猛。即便是在当前水貂产业低迷时期，我国的养殖规模也已超过丹麦、芬兰、美国等主要养殖大国，养殖总量居世界之首。养殖区主要集中在山东、河北、辽宁、黑龙江、吉林、内蒙古、山西、宁夏、北京、天津及新疆等地。

目前，我国已成为世界上最大的水貂饲养国、毛皮进口国、毛皮加工国和毛皮消费国。我国特种经济动物养殖业呈现出"小动物、大市场"的产业特色，初步形成产业化，在畜牧业中所占比重逐年提升。2016 年我国水貂取皮数量 4450 万张左右，取皮数量最大省份为山东省，约占全国水貂取皮总量的 70.20％；辽宁省位居第 2 位，约占 14.91％；黑龙江省位居第 3 位，约占 10.55％。3 个省份的水貂取皮数量约占全国水貂取皮总量的 95.66％。

2. 我国水貂养殖模式

我国水貂养殖模式主要有庭院式养殖、场区式养殖和统一规划小区式养殖三种。庭院式养殖是在养殖户住宅的庭院里舍养殖，普遍养殖环境及配套设施较差，采用此方式的多为散户（49％）。场区式养殖建有专门的养殖场区，经营及加工较为规范，采用此方式的多为独资或股份合资型企业（39％）。统一规划小区式养殖是由政府或龙头企业牵头，规划养殖集中的小区，配备相应的硬件条件，从业人员在指定的小区内独立饲养（12％）。

饲喂方式方面，养殖场（户）除自配料外，还可选择饲料加工企业生产的颗粒饲料、鲜饲料等进行配合饲喂。疫病防控方面，我国国产疫苗保护率较好，接种率达 90％，多年来没有重大疫情发生。皮张的销售方面，以原皮为主，规模较大的养殖企业一般有较稳定的客户、承销渠道，而大多数养殖户等待皮货商（或经济人）上门收购。

目前全国成型的毛皮交易市场有 9 处，其中规模最大的是尚村毛皮市场（交易量 35%）。

行业管理方面，因各省份机构设置不尽相同，所以水貂饲养分别隶属于当地农业局、畜牧局、林业局（野保站）、特产局等；在行业自律管理的角度，有协会、联谊会、合作组织等多种组织形式，多为市（县）及村镇级组织，尚无全国的行业协会组织。

二、水貂健康高效养殖概念和基本内涵

健康高效养殖，是指在整个养殖过程中用健康的指导思想和观念、科学规范的管理操作流程贯穿于动物养殖的全过程。具体涵盖科学的水貂养殖场舍设计，严格的生物安全制度，严格规范的免疫程序，全面平衡的饲料营养，规范地使用添加剂，严格执行休药规定，粪污无害化处理，走产业化、集约化、专业化的道路，利用自动化程度高的先进设备进行机械化操作等。

貂群健康是实现高效养貂的基础与手段，是保证貂产品安全的前提。貂群高效养殖是目的，要求在保证健康的前提下，各个环节实施科学管理，提高貂的生产性能和人的劳动生产效率。貂健康高效养殖是养貂生产伴随着人类经济、社会发展到一定阶段的必然要求，是确保貂与人的健康、提高貂的生产性能、节约饲料资源、避免对环境造成污染、生产优质貂产品的整个养殖过程。

全面满足动物体内多种氨基酸的需求来调节营养平衡，以提高动物自身免疫力和抗病力，避免一些违禁品的使用和添加，减少畜、禽、水产肉食品金属元素、激素和药物残留，减少对人体健康的危害和环境污染，为人类的健康提供保障。科学规范的管理操作流程可以提高生产效率，取得较高的经济效益，能科学合理地利用资源，减少养殖生产对环境的污染。目前，健康高效养殖已成为当今世界各国养殖业发展的趋势，我国广大养殖者对此应引起高度重视。

貂健康高效养殖的技术要点：

① 根据水貂健康养殖标准，建设和改造养貂场地、棚舍、布局、工艺，使之符合生物安全要求，防止疫病从外部传入。

② 根据水貂健康养殖标准，建立健全貂疫病防控制度。引种前

必须进行疫病检测，防止将疫病引入，以自繁自养为主；对重要疫病要定期检测，科学合理地免疫接种，提高水貂免疫力；严格执行全进全出、卫生消毒、病貂隔离、死貂无害化处理制度，防止疫病在群内传播；严格门卫消毒制度，严防将疫病带入场内。

③ 根据水貂不同阶段生长的营养需要，科学配制全价平衡饲料，特别要注意必需氨基酸、维生素和微量元素的重要作用，消除饲料霉菌毒素的危害，提高水貂群体的抗病力。

④ 根据水貂健康养殖标准，使用健康有机饲料添加剂，减少貂产品的有毒有害物质残留。

⑤ 根据水貂健康养殖标准，控制畜禽环境，通过改善水貂棚舍及环境条件，减少应激，提高抗病力。

⑥ 严格限制人员、动物和工具的流动，进入生产区时必须沐浴、更衣、换鞋、消毒。

⑦ 场内禁止养猫、狗等动物，定期灭鼠、灭蝇，切断疾病传播途径。

⑧ 坚持自繁自养，避免引进购买而发生疾病传播的可能。

⑨ 采用科学规范的管理操作流程，走产业化、集约化、专业化的道路，利用自动化程度高的先进设备进行机械化操作，提高工作效率和管理的有效性。

三、我国水貂养殖业存在的问题

虽然我国的水貂养殖已形成产业化、规模化，但其程度较低。我国所生产的皮张质量与国外相比差距仍很大，皮张的售价仅是国外同类产品的 60%～70%，且原皮不能直接进入国际市场，国内加工高档裘皮服装 90% 是选用丹麦、美国生产的貂皮。我国虽然是水貂养殖大国，仍存在很多影响发展的共性制约因素，亟待解决。

（一）种源品质差

目前除了少数几家大型的水貂养殖场达到国际先进水平外，大多数农村小型的家庭式人工饲养的水貂品种相对落后，缺乏提高水貂种群质量的管理意识，导致水貂谱系不分，近亲繁殖，种群质量参差不齐，优良种貂存栏率不到 20%。因没有形成全国性统一规范的水貂育种场，水貂品种培育和改良技术与水貂养殖业发达国家相比落后很多，每年都要从国外引进优良种貂以满足国内市场的需求。20世纪80年代以来，我国已累计引入近几十万只欧美种貂对我国水貂品种进行改良。但所饲养的这些改良型水貂表现出发育迟缓、体型变小和绒毛稀疏、毛色不正、无光泽、背腹毛差异明显及有杂毛等严重退化现象，水貂皮价格仅为欧美貂皮价格的 $1/3\sim1/2$，且只能销售给俄罗斯、乌克兰及土耳其等低消费水平国家，无法进入欧美等经济发达国家，从而大大降低了我国养貂业的经济效益，严重阻碍了养貂业的持续发展。

造成动物品种退化的主要原因：

① 人们不重视科学选种选配，致使种质资源质量逐年下降，这也是我国水貂养殖业无序发展的结果。尤其是在行情好时，大量跟风扩群，使得"是母就留种"的现象比比皆是，严重限制了品种的改良进程。

② 人们只重视从国外引进优良种兽进行改良，却不重视对改良后动物优良性状的培育，即不重视培育适合我国饲养条件下的优良动物新品种。我国水貂种质资源长期处于引种—退化—再引种—再退化的恶性循环怪圈状态。充分开发、利用我国地方优势品种进行新品种（品系）的培育已刻不容缓。同时，也亟待建立起水貂优良种源基地和良种推广体系，推广普及先进技术，逐步改变发展落后局面。

（二）生产和饲养管理水平低

我国水貂养殖业的生产水平和饲养管理水平相对落后，水貂平均产仔数除了少数几家大型水貂养殖场达到4.5只外，大部分水貂养殖场为3.5只，甚至个别水貂养殖场只有2.5只，而国际先进水平水貂养殖场的平均产仔数为 $4.5\sim5.5$ 只。

我国的水貂养殖业发展虽然历经了几十年的时间，但仍没有统一的饲养标准，没有形成干（鲜）饲料统一的加工体系，因此不论大小养殖场都存在忙于饲料采购、运输、贮藏和加工的问题。花费掉饲养者的大量精力，仍不能保证饲料的稳定供应和质量，营养水平不能满足水貂生长和生产的需要，不能发挥其潜在的生产能力。

在管理方面，我国水貂养殖以小规模养殖户分散的庭院式养殖方式居多，缺乏科学的繁育、饲养和疾病防控等技术，往往根据养殖户的养殖经验开展养殖，统一饲养、统一技术指导、统一加工等生产技术环节难以实现，致使生产水平落后，皮张质量严重下降，缺乏市场竞争力，养殖风险加大。在丹麦，一个饲养10万头的水貂养殖场平均只需要10人从事饲养管理工作，而我国这样规模的水貂养殖场则需要30～40人。

（三）疫病防控重视不够

疫病风险是水貂养殖过程中的主要风险之一，做好动物疫病防控工作是保障产业健康发展的有效措施。目前我国水貂疫病综合防控技术体系还不够健全，存在的主要问题是病原复杂，病原变异速度加快，新的病原不断出现，缺乏标准化的诊断检测技术；众多养殖场（户）缺乏生物安全意识；专用的投入品不健全，如饲料产品、兽药产品和生物制品的匮乏等；尚未建立有效的养殖废弃物无害化处理机制等。以上问题都严重制约了生产性能的提高，降低了产品质量，甚至威胁到了公共安全。

（四）产品开发不足

我国水貂产品加工技术落后，机械化水平低，缺乏深加工的意识和能力，无法形成系统的、与行业组织配套服务的产业链条。伴随全球经济一体化的发展，毛皮产业竞争越发激烈，只有建立自己的裘皮服装品牌，增加产品种类，提高产品附加值，实行品牌战略才能提高核心竞争力。然而我国的水貂产品加工业却少有自己的知名品牌，大部分企业都是为国外企业贴牌生产。

裘皮消费与经济发展水平呈高度正相关，高的经济增长速度促进裘皮制品的消费。随着我国经济的不断增长，人们生活水平的不断提高，大众对奢侈消费的认知程度也越来越高，裘皮制品虽然昂贵，但近年来已逐渐被人们所接受。因此，裘皮在我国有巨大的消费市场潜力，这就需要裘皮加工企业下功夫引导消费，培育国内市场，扩大内需。

（五）动物福利观念淡薄

中国部分中小规模水貂养殖场受市场利益的驱动，仍存在养殖空间狭小、不人道屠宰水貂等现象。这种不重视动物福利的现象已经引起一些组织和国家的注意。目前，世界上已有100多个国家制定了比较完善的动物福利法规。中国在这方面却一直处于落后状态。如果不改变观念，不采取善待动物的措施，中国的水貂皮产品将很难销往欧盟、北美等国家和地区，很难在国际市场上立足。

目前，动物福利理念在国际贸易中越来越受到重视，而我国因为在动物养殖过程中对动物福利重视程度不够，严重影响了消费者的消费心理，出现了对某些动物产品的抵制行为，部分欧盟动物福利保护组织甚至呼吁欧盟进行立法以抵制对我国动物产品的进口，瑞士政府已经制定了法律禁止进口原产自中国的裘皮产品。因此，动物福利对于动物产业的健康长久发展尤为重要，它强调更为科学、合理、人道地饲养及利用动物，使其从生理、环境卫生、行为、心理等方面受到良好对待。动物福利状况的改善，可以使动物产品得到消费者的认可和接受，打破国际贸易中存在的动物福利壁垒。更重要的是，动物福利状况的改善还可以保证产业文明健康发展。

四、我国水貂养殖业发展趋势

随着经济全球化的深入发展，世界经济增长进程放缓，全球需求结构发生明显变化。我国经济进入"新常态"，面临着减速换挡，水貂产业市场持续低迷，传统分散的农户饲养方式逐步退出，整个产业重新整合，水貂的养殖逐步向规模化、设施化和标准化的饲养方式转变，我国特种经济动物养殖的标准化水平逐年提升，这也是水貂养殖转型升级、提质增效的契机。

从长远看，发展水貂生产仍有巨大增长潜力。裘皮制品作为历史悠久的高档消费品，深受国内外消费者的青睐，其消费需求呈不断上升的态势。从国际市场看，俄罗斯拥有大约1亿人的庞大消费群体，是我国裘皮的主要出口国。除欧洲传统裘皮消费市场外，中国、日本、韩国等地已成为新兴的裘皮消费市场，消费额已占到世界裘皮消费市场的60％以上，且比例还在逐年上升。在我国，居住在东北、西北、华北及西南高海拔寒冷地区的人口有5.4亿，所以用于御寒的裘皮服装具有庞大的内需空间。

毛皮制品消费的增加，价格的提升，有利于提高养殖效益，吸引越来越多的资本、技术和人才等资源进入水貂产业。产业化龙头企业的发展壮大，先进经营模式和养殖技术的推广普及，将有利于提高农户养殖水平和组织化程度，带动水貂生产的增产增效。因此，必须加快产业化进程，逐步完善产业链条，加快产业的转型升级，并加强行业协会建设，有效调控产业规模，完善组织化程度，抓好合作社、示范区和示范园建设，提高养殖组织化和专业化的程度，推进水貂生产与加工的利益联结机制，引导行业持续健康的发展。积极发展与水貂养殖规模相匹配的饲料生产、屠宰加工、精深加工项目、交易市场和配套服务项目，打造特种经济动物全产业链。与其他行业紧密合作，在引进加工企业、建设毛皮拍卖行等工作上为产业提供更多的服务。大力发展规模化、标准化养殖，改变粗放型的养殖模式，力争做到养殖机械化、管理精细化、防疫制度化、生产规模化、粪污处理无害化和资源化，推动产业转型升级。

未来需要紧紧抓住中国经济转型和产业升级的重大契机，以科技进步为支撑，建立健全良种繁育、疾病防控、饲料加工、养殖管理、污染防治、科技创新体系，推进国内水貂养殖业结构调整和经济发展方式转变，由数量增长型向质量效益型、资源高耗型向资源节约型、环境污染型向环境友好型转变，实现水貂养殖业健康可持续发展。

第二章 水貂的生物学特性和品种

第一节 水貂的生物学特性

一、分类与分布

水貂在动物分类学上属于哺乳纲食肉目鼬科鼬属，是一种小型的珍贵毛皮动物。在野生状态下，有美洲水貂和欧洲水貂两种。因美洲水貂被毛较欧洲水貂美观，故现在世界各国人工饲养的水貂均为美洲水貂及其后裔。

美洲水貂分布在北美洲的墨西哥湾到阿拉斯加以及亚洲西伯利亚等地区。美洲水貂共有 11 个亚种，其中经济价值最高、与家养水貂关系最密切的有 3 个亚种。

水貂的饲养在北美洲开始较早，1867 年美国人 Charles 首先在威斯康星州建立水貂饲养场，1882 年饲养了 150 只水貂。第一次世界大战后，欧洲各国，如挪威（1927 年）、苏联（1928 年）、瑞典（1930 年）等国相继引种饲养。我国于 1956 年从苏联引进标准水貂，在黑龙江省的密山市（原密山县）、横道河子、杜尔伯特蒙古族自治县 3 个大型的国营野生饲养场饲养，进而发展到东北三省、内蒙古、新疆、青海、甘肃、山西、陕西、河北、河南、山东、江苏等省（自治区）。以后在广东沿海地区引种试养取得成功。1962 年国家对全国养兽场进行了一次整顿和调整，根据国际毛皮市场的情况和国内外经验，逐步加强水貂的养殖。

二、形态特征

水貂是一种小型毛皮兽，外形与黄鼬相似（图 2-1）。体细长，为圆筒状，头颈部粗短，头较小，耳壳小，四肢短，前后肢均具 5 趾，趾端有利爪，趾基间具微蹼，后趾间蹼比前趾间蹼明显，尾细长，尾毛长而蓬松，肛门两侧有 1 对肛腺。

图 2-1 水貂

野生状态下，水貂毛色多为浅褐色，在人工饲养条件下，由于长期的选择，毛色加深，多为黑褐或深褐色，习惯上称为标准色，将具这种毛色的水貂称为标准色水貂。目前，利用基因突变及人工分离，培育出了白色、银蓝、钢蓝、咖啡、米黄、蓝宝石、红色、黑十字、紫罗兰等几十种色型的水貂，这些色型的水貂都称彩色水貂，它们都是标准色水貂的突变体，经人工选育形成。

成年水貂体长、体重随性别差异较大，一般笼养水貂，成年雄貂体长 40～45cm，体重 1800～2500g，尾长 18～22cm；成年雌貂体长 34～38cm，体重 800～1300g，尾长 15～17cm。仔貂初生重 7～10g，刚出生的仔貂身上裸露无毛，闭眼。

三、生物学特征

1. 水貂的栖息习性

水貂在野生状态下，多栖息在河旁、湖畔、林中小溪边等近水地带。利用天然洞穴、石头缝或自选巢穴居住，穴内铺有兽毛、鸟羽或干草，洞穴长1.5m左右，洞口设在岸边草木遮掩的地方或水下，以利于躲避敌害。白天隐藏在洞穴内休息，清晨和傍晚外出活动觅食。水貂性情凶残孤僻，除繁殖季节外，均单独散居。

2. 水貂的食性

水貂为肉食性动物，在野生状态下，水貂主要捕食小型啮齿类、鸟类、爬行类、两栖类、鱼类、昆虫等动物，如野兔、鼠、鸟、小蛇、蛙、鱼等。食物种类随季节变化而变化。冬、春两季多以鱼、鼠及其他哺乳类小动物为主，夏、秋两季多以鱼、蛙、蛇及昆虫为主，在繁殖期则会适当采食部分植物的种子、嫩芽等以补充所需维生素。水貂有贮藏食物的习性，还特别喜欢水，不仅是饮用，更主要是在水中嬉戏，夏季尤其喜爱戏水。

3. 水貂的生长特点

在正常饲养管理条件下，分窝后的50～60d内，即6月份底前，幼貂的食欲非常旺盛，生长发育最迅速，这个时期是决定水貂体型大小的关键时期。如在哺乳期经过人工补饲，到7月份中下旬，幼貂的体长接近于成年貂。由于此时天气炎热，水貂的食欲有所下降，生长发育速度较为缓慢。分窝后的90～110d，即9月份上旬，皮肤上形成冬季"胚胎毛"，水貂的食欲上升，到10月份上旬，冬毛长出，夏毛脱落，生殖系统发育。10月份中旬到11月份底，乃是冬毛生长至成熟的时期，此时，生殖系统的发育也较为迅速。

4. 水貂的行为习性

水貂野性强，性情凶猛，攻击性极强，多在夜间以偷袭方式猎取食物，一般情况下水貂咬住猎物就不会松口，而且其捕杀猎物的数量远远超过它本身的食量，这也和水貂的贮食习性相关，多余的食物会被水貂贮藏起来。

水貂活动敏捷，活泼好动。除了休息的时候，基本都是在运动，人工饲养水貂的笼舍太小，其活动受到很大程度的限制。通常其在笼舍内时而较慢走动，时而又快速移动或跳窜，时而后肢接地、前肢悬空或攀爬笼网，时而在笼舍内打滚，时而又在笼舍内跑动嬉戏、拍打水槽或与其他物体玩耍。仔貂在生长发育时期，比较好动，运动的频率较其他时期高。但水貂在妊娠期时，行为变得非常安静，经常仰卧在笼舍内晒太阳，喜欢独自安静，对于吵闹的动静表现非常厌烦。水貂善于游泳和潜水，喜欢潜到水下捕食或玩耍，在冬天寒冷的时候，通常会在未结冰或有冰洞的水域休息活动。

水貂听觉、嗅觉灵敏，警戒性高，对新奇事物比较好奇，但起初只会用鼻嗅闻，在巢穴口窥探观察，并与其保持一定的距离，然后逐渐靠近用前爪试探。水貂若察觉事物对其构成威胁，则会咧嘴露出牙齿以示警告。

5. 水貂的换毛

水貂的被毛生长到一定时期就会渐渐从毛囊中脱出并被新毛代替，称为换毛。水貂一年两次脱换毛，春季脱冬毛长夏毛，秋季脱夏毛长冬毛，属于周期性季节换毛。

6. 水貂的繁殖习性

水貂是季节性繁殖的动物，其生殖器官的季节性变化十分明显。3 月份上、中旬为水貂配种旺期。母貂在每个繁殖季节有 2～4 个发情周期，其排卵需要通过交配或类似刺激才能发生。在每个发情周期母貂都可进行交配，且都可受孕。妊娠期平均 (47 ± 2) d，变动范围为 37～83d。一般在 4 月份下旬至 5 月份中旬产仔，70%～80% 母貂产仔集中在 5 月 1 日前后 5d。每胎产仔一般 4～8 头，平均 6.5 头左右，最多可产 15 头，也有产独子的。一般彩貂窝产仔数比标准貂稍少一些。

水貂一般出生后 9～10 个月达到性成熟。2～3 岁繁殖率最高，4 岁以后繁殖率逐步下降。养貂生产中种貂一般只利用 3 年，即头一年出生到第二年春季参与配种，第三年、第四年春季各繁殖 1 次，第四年秋季换毛后，即转入皮貂群，不再作种用。

7. 水貂的季节性变化

自然界中的环境因素是很多的，如湿度、温度、光周期、风、云、雨、雪以及食物等都影响着动物的生命活动，这些因素的变动都和季节的变化相关。光周期这一因素，季节性变化最明显、最有规律。这种恒定的有规律的变化，对动物影响也最强烈。经过漫长的岁月，动物形成了与光周期相适应的有一定节律的周期性活动。这类周期性活动，在动物学上叫作生物钟。水貂的换毛、繁殖就是按照固有的生物钟进行的。

光周期指白昼与黑夜周期性交替出现的节律。地球与太阳相对位置的改变决定了光周期变化的规律。地球绕太阳旋转，同时又不断自转，从而决定了地球上每个地区在一定时期内白昼与黑夜时间的长短。

光周期变化与水貂繁殖、换毛的关系见图2-2。每年春分和秋分，北半球的白昼与黑夜时间相等，即白昼黑夜各占12h。春分之后，白昼逐渐增长，黑夜变短，到夏至，白昼最长，黑夜最短。夏至之后，白昼渐短，黑夜渐长，到秋分，恰好昼夜等长，再到冬至，白昼最短，黑夜最长。冬至之后，白昼渐长，黑夜渐短，到春分恰好昼夜等长。春分之后又重复前一年相同规律的变化。

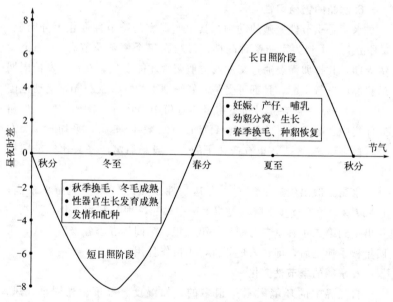

图2-2 水貂繁殖、换毛与光周期变化的关系

这种变化年年如此。但不同纬度的地区昼夜时差变化的幅度不同，高纬度地区日照时间或昼夜时差变化幅度大，而且急剧；低纬度地区日照时间或昼夜时差变化幅度小，而且缓慢。除春分和秋分外，

不同纬度地区在同一天，不仅有不同的昼夜时差，而且有日照时间的纬度时差。以夏至为例，北纬 45°地区，日照时数为 15h 36min，昼夜时差为 7h 12min；北纬 20°地区，日照时数为 13h 20min，昼夜时差为 2h 40min，两地昼夜时差相差 4h 32min。

水貂的物质代谢、繁殖性能和换毛等主要生命过程具有明显的季节性变化。主要表现在以下几方面。

（1）物质代谢的季节性变化

水貂的物质代谢水平在一年不同时期并不一致。秋、冬两季消耗的营养物质比夏季少，而秋季营养物质多用于体内沉积贮备。代谢水平以夏季最高，冬季最低，春、秋季相近，但高于冬季而低于夏季。代谢水平依个体的体况有所差异。一年四季体内物质代谢的改变，引起体重的季节性变化，夏季（7～8月份）貂的体重最轻，而在 12 月份至次年 1 月份的体重最重，这是由于秋季在体内沉积了大量脂肪以备越冬。

（2）换毛的季节性变化

水貂是季节性换毛的动物，成年貂每年换毛两次，一次是脱冬毛换夏毛，一次是脱夏毛换冬毛。这种季节性脱换毛的实现，是以光周期的变化为条件的。脱冬毛换夏毛是在长日照条件下进行的，脱夏毛换冬毛是在短日照条件下进行的。

随着配种季节的到来，夏毛的胚胎毛在真皮下开始形成。春分（起着"扳机"作用）后，随着配种季节的结束，冬毛失去光泽并从躯体各部位开始脱落，夏毛长出。换毛顺序是先从头部和足开始，逐渐由前向后、由腹到背扩展，臀部与尾部最后脱换。新生的夏毛也按此顺序先后长出。夏至后，日照逐渐缩短，当日照缩短到 12.5～13.5h，即夏至后的 70d 左右，皮肤上开始形成冬季"胚胎毛"，随着"胚胎毛"的生长发育，皮肤颜色从尾部到头部逐渐变黑；当日照逐渐缩短到 11.5～12.0h，即秋分（起着"扳机"作用）后，冬毛长出，夏毛脱落，此时的皮肤颜色最深。当日照缩短到 10.5～11.0h，即秋分后的 30d 左右，除头部外，全身冬毛长齐。当日照缩短到 9.5h 左右，即从冬季"胚胎毛"形成开始约经 90d，全身冬毛长齐，皮肤颜色变成淡粉红色，冬季毛皮达到成熟。秋季换毛比春季换毛快，换毛顺序与春季正好相反，先从尾部开始，经臀部、躯干向头部扩展。前部被毛短，生长期也短；臀、尾部被毛长，生长期也长，因此毛皮还是前部先成熟，臀、尾部最后成熟。冬毛的生长发育速度，在满足水貂营养需要的前提下，以光周期变化的影响为最大。水貂的毛一经长出皮肤，其形状就是一定的，直到脱落，不再变化。因此，从冬毛生长发育开始，就应加强饲养管理，才能提高毛皮质量。

幼貂冬毛生长发育规律：分窝后的 $50\sim60d$ 内，幼貂的食欲非常旺盛，生长发育最迅速，这个时期是决定水貂体型大小的关键时期。在分窝后的 $110\sim180d$，幼貂开始脱夏毛长冬毛，此时是决定毛皮质量的关键时期。仔貂从出生到冬毛成熟，其被毛脱换要经历 3 次，即胎毛换成初期绒毛，初期绒毛换成夏毛，夏毛换成冬毛。其冬毛的生长发育与成年貂相同，但时间较成年貂稍晚一些。

（3）繁殖性能的季节性变化

水貂是季节性繁殖的动物，其繁殖行为直接受到光照时间变化的影响。秋分 12h 日照是水貂性器官开始发育的一种信号，它对水貂性器官的发育起着类似"扳机"的作用。在北半球高纬度地区，秋分之后，日照时数迅速缩短，黑夜时数迅速延长，在这种光周期影响下，水貂性器官开始发育，雄貂睾丸逐渐变大，雌貂卵巢上的卵泡开始发育，子宫逐渐变粗。从秋分至冬至约经 90d，冬至白昼时间降到最短。从冬至后，白昼时间又从最短逐渐延长，水貂性器官进一步迅速发育，开始产生成熟卵泡。当日照时数达 11h 以上（3 月份上旬）时，即开始配种，到春分前配种结束。这一事实说明，水貂性腺发育和交配行为是一种短日照反应。春分之后，个别雌貂虽然也能配种，但空怀率高。生产实践表明，春分后配种的雌貂，繁殖成功的可能性很低。

春分的 12h 日照是胚胎植入的一种"扳机"信号，这对雌貂卵巢形成妊娠黄体和胚胎植入可能是一种诱发机制。春分之后的长日照则是植入后胚胎发育的必要条件。春分后，白昼时间继续变长。雌貂体内褪黑素每日持续时间逐渐缩短，导致催乳素分泌增加，从而启动黄体的孕酮分泌，使子宫内膜进一步发育，为胚泡着床做好准备，终止水貂的胚胎滞育。因此，在配种季节里，水貂无论何时交配，其胚泡附植总是发生在 4 月初（春分后），而交配后人为有规律地增加光照时间，可缩短滞育期。

8. 水貂的寿命及天敌

水貂寿命为 12～15 年，有 8～10 年的生殖能力。

水貂的天敌有野狗、狐狸、山狸、猫头鹰和其他猛禽、猛兽。水貂防御敌害的能力较弱，多凭借其小而灵巧的身体在树丛中的空隙间穿梭，来躲避敌害。在危险情况下可射出具有恶臭的液体以躲避敌害。

第二节　水貂的品种

随着养貂业的迅速发展、水貂育种工作的加强，已经培育出多个水貂品种。现将主要水貂品种的特性及生产性能介绍如下。

一、标准色水貂品种

野生美洲水貂毛色多呈浅褐色。家养水貂经过多个世代的选择，毛色加深，多为黑褐色，统称为标准色水貂。

1. 美国本黑标准水貂

美国本黑标准水貂也称为美国短毛黑水貂，是美国水貂饲养者经过多年选育而成的水貂超级黑色品系，其商品名为黑格来玛（Black-glama）。美国本黑标准水貂头形轮廓明显，面部粗短，眼大有神，公貂雄健，母貂纤秀；颈短而圆，胸部略宽，背腰粗长，后躯较丰满，腹部较紧凑；前肢短小、后肢粗壮，爪尖利、无伸缩性。被毛具有短、平、齐、亮、黑、细的特点。被毛颜色漆黑，背腹毛色一致，底绒灰黑，全身无杂色毛，下颌白斑较少或不显；针毛较短，高度平齐，光亮灵活，有丝绸感；绒毛致密。美国本黑标准水貂是中国较早引进的水貂新品种，也是我国现在饲养最多的水貂品种。成年公貂体重 2.0kg 以上，体长 47cm 以上，皮张长度 71cm 以上，母貂繁殖平均每胎成活 4 只以上。

2. 丹麦黑色标准水貂

丹麦黑色标准水貂是目前丹麦国内饲养的主要类型，其体型较大，体躯疏松，毛色黑褐，针毛粗糙，针绒毛长度比例较大，背腹毛色不尽一致，适应性强，繁殖力高。我国在 20 世纪 80 年代引入该品种并进行了大规模培育，利用其作为母本培育成了我国第一个水貂新品种"金州黑色标准水貂"。

3. 金州黑色标准水貂

金州黑色标准水貂于 1999 年通过农业部品种审定，确定为水貂新品种。本品种是大连名威貂业有限公司历时 10 年（1988—1998年），以美国本黑标准水貂为父本、丹麦黑色标准水貂为母本，成功培育出的适合北纬 35°以北广大地区饲养的优秀水貂新品种。金州黑色标准水貂具有体型大、体躯略疏松、皮张尺码大，毛色深黑，背腹毛色一致，下颌无白斑，全身无杂色毛，针绒毛比例适度、浓密，绒毛品质好，生长发育快，繁殖力高，遗传性能稳定，耐粗饲，适应性强等特征。成年公貂体重 2.46kg，体长 48cm；成年母貂体重 1.14kg，体长 40cm。

4. 明华黑色水貂

明华黑色水貂于 2014 年正式通过国家畜禽遗传资源委员会品种审定。明华黑色水貂是由大连名威貂业有限公司牵头在中国农业科学院特产研究所、大连市农业委员会等部门的支持下历时 10 年（2003—2013 年）培育而成的水貂优良新品种。明华黑色水貂是以美国本黑标准水貂为育种素材，通过选种选育培育而成。明华黑色水貂体躯大而长，头稍宽大、呈楔形，嘴略钝，毛色深黑，光泽度强，背腹毛色一致，针毛短、平、齐、亮、黑、细、密，绒毛浓厚、柔软致密，针绒毛比例为 1∶（0.88～0.89）；遗传性能稳定、耐粗饲、适应性强；繁殖成活率高，抗病力强。成年公貂体重 2.25kg，体长44.32cm；成年母貂体重 1.24kg，体长 40.55cm。

二、人工培育的水貂品种

现在世界各国人工饲养的水貂均为美洲水貂的后裔，共有 11 个亚种。目前已出现 30 多个毛色突变种，并已通过各种组合使毛色组合型增加到了 100 余种。根据色型，分为灰蓝色系、浅褐色系、白色系、黑色系和组合色型五大类。组合色型包括蓝宝石水貂、银蓝亚麻色水貂、红眼白水貂、珍珠色水貂、芬兰黄宝石色水貂、冬蓝色水貂、紫罗兰色水貂、粉红色水貂和玫瑰色水貂等。每一种色型都是由1～4对基因组成的。根据基因的显、隐性可分为隐性突变型、显性突变型和组合型等。彩色水貂皮多数色泽鲜艳，有较高的经济价值，各国均在大力繁殖和发展彩色水貂。美国彩色水貂约占总貂群的65%，日本高达87%以上。彩色水貂的中文名、英文名和基因符号见表2-1。

表2-1 常见彩色水貂名称及基因符号

中文名	英文名	基因符号	
		美国系统	斯堪的纳维亚系统
灰蓝色系			
银蓝色(白金色)	Silverblu(platinum)	pp	pp
阿留申(枪钢色)	Aleutian(gunmetal)	alal	aa
拟银蓝色(拟白金色)	Imperial Platinum	ipip	ii
钴色	Cobalt	gg	—
钢蓝色(铁灰色)	Steelblu	$p^s p^s (p^s p)$	$p^s p^s (p^s p)$
浅褐色系			
咖啡色	Pastel	bb	bb
绿眼咖啡色	Green-eye Pastel	bgbg	gg
拟咖啡色	Imperial Pastel	bibi	jj
索克洛特咖啡色	Socklot Pastel	bsbs	$t^s t^s$
琥珀金咖啡色	Ambergold Pastel	baba	rr
美国米黄色	American Palomino	bpbp	kk
瑞典米黄色	Swedish Palomino	$bs^s bs^s$	$t^p t^p$
莫依而浅黄色	Moyle buff	bmbm	mm
潘林浅黄色	Perrin buff	$bp^p bp^p$	—
芬兰白色(金土米黄色)	Finn white(Jenz Palomino)	$bs^m bs^m$	$t^w t^w$

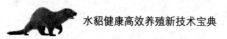

续表

中文名	英文名	基因符号	
		美国系统	斯堪的纳维亚系统
白色系			
黑眼白色	Hedlund white	hh	hh
白化	Albino	cc	$c^h c^h$
北欧浅黄色(北欧白)	Nordic buff(nordic albino)	$bs^a bs^a$	$t^n t^n$
火绒草色(歌夫斯)	Edelweiss(goofus)	oo	oo
显性突变型			
煤黑色	Jet black	JJ(Jj)	NN(Nn)
银紫貂色(蓝霜色)	Silver sable(Blufrost)	Ff	Ff
黑十字色	Black cross	SS(Ss)	SS(Ss)
黑蓝色	Ebony	Ebeb	Ee
科米拉	Colmira	Cmcm	—
"显性白"	"Dominante white"	Ff Ss(SS)	Ff Ss(SS)
王冠貂	Crown sable	CsCs	—
组合色型			
蓝宝石色	Sapphire	alal pp	aa pp
银蓝亚麻色	Platinum blond	bb pp	bb pp
依立克	Eric	alal bb	aa bb
芬兰黄宝石色	Finn topaz	bb bpbp	bb gg
珍珠色	Pearl	pp bpbp	pp kk
浅紫色	Lavaender	alal bmbm	aa mm
红眼白(帝王白)	Regal white	bb cc	bb $c^h c^h$
米黄色十字貂	Palomimo cross	bpbp Ss	kk Ss
银蓝色十字貂	Blucross	pp Ss	pp Ss

续表

中文名	英文名	基因符号	
		美国系统	斯堪的纳维亚系统
组合色型			
阿留十字貂	Aleutian cross	alal Ss	aa Ss
白化十字貂	Cross white	cc Ss	c^{h}c^h Ss
咖啡色十字貂	Pastel cross	bb Ss	bb Ss
浅黄褐色	Ofawn	bb bmbm	bb mm
春意咖啡色	BOS. Pastel	bb Ff	bb Ff
春意银蓝色	BOS. Platinum	pp Ff	pp Ff
春意枪钢色	BOS. gunmetal	alal Ff	aa Ff
蓝莺尾草色	Blue iris	alal p^{s}p^s（p^{s}p）	aa p^{s}p^s（p^{s}p）
芬兰珍珠色	Finn pearl（Blue beige）	pp bs^m bs^m	Ppt^{w}t^w
瑞典珍珠色	Swedish pearl	pp bs^s bs^s	ppt^{p}t^p
瑞典白色	Swedish white	cc bs^m bs^m	c^{h}c^{h}t^{w}t^w
索克洛特咖啡银色	Socklot pastel silver	bb pp bsbs	bb pp t^{s}t^s
"希望"	Hope	pp alal baba	pp aa rr
冬蓝色	Winterblu	alal bb pp	aa bb pp
紫罗兰色	Violet	alal bmbm pp	aa mm pp
乳白色	Opaline	bb bmbm pp	bb mm pp
粉红色	Pink	alal baba bmbm pp	aa rr mm pp
玫瑰色	Rose	Ff bb bsbs bpbp	Ff bb t^{s}t^s kk

（一）黑色系

黑色系水貂是显性突变型，包括漆黑色貂、银紫色貂和黑十字貂。

1. 漆黑色貂

漆黑色貂又称煤黑色貂、漆炭色貂。呈深黑色，光泽度好，由于真皮层内有大量黑色素聚集，故仔貂出生时皮肤即明显黑于普通标准色水貂。我国已大量引进这种色型并普遍饲养。它的特点是全身纯黑（墨炭黑），针、绒毛平齐、光亮，长度接近一致，其毛皮很像獭兔皮，背腹毛颜色、质量基本一致，肉眼很难区分，是理想的优良品种。

2. 银紫色貂

银紫色貂又称蓝霜貂。呈灰色和蓝色。腹部有大白斑，四肢和尾尖为白色。由于白针散布全身，绒毛由灰至白，所以全身被毛呈灰色或蓝色。目前，这种貂皮售价很低，生产上饲养价值也较低，但在培育春意（BOS）系时可采用此貂。

3. 黑十字貂

有 2 种基因型和表型。

纯合型（SS）：个体能够正常成活，身躯被毛呈白色，在头、颈和尾根有黑色毛斑，肩、背和体侧有散在黑色针毛，因而有"95% 显性白"之称。在杂交育种中，纯合型黑十字貂是很好的育种材料，它可分别与标准色水貂、彩貂（咖啡色、银蓝色、蓝宝石色、米黄色等）杂交培育出彩色十字貂。

杂合型（Ss）：水貂肩、背部有明显的黑十字图形，其余部位毛色灰白，少有黑针。

（二）灰蓝色系

灰蓝色系水貂是隐性突变型，包括银蓝色貂、钢蓝色貂和阿留申貂。

1. 银蓝色貂

银蓝色貂又称铂金色水貂，是最早（1930 年）发现的突变种，被毛呈类似于浅褐色的金属灰色，深浅变化较大，分深银蓝色和浅银蓝色。体躯疏松、体型较大、被毛粗糙、繁殖力高、适应性强，是国内普遍饲养的常见色型，在组合色型彩色水貂的育种工作中占有重要地位。

2. 钢蓝色貂

钢蓝色貂也称铁灰貂，其基因型由银蓝色复等位基因组成，比银蓝色深，近于深灰，色调不匀，被毛粗糙，品质不佳。

3. 阿留申貂

阿留申貂又称青铜色貂、青蓝色貂、枪钢色貂。体躯紧凑，体型清秀，针毛深灰色，绒毛浅蓝色，绒毛短平、美观。这种貂的缺点是体质较差，抗病力弱，阿留申病感染率高，但其隐性突变的基因在育种工作中有很重要的价值。

（三）浅褐色系

浅褐色系水貂是隐性突变型，包括褐咖啡色貂、米黄色貂、索克洛特咖啡色貂、浅黄色貂。

1. 褐咖啡色貂

褐咖啡色貂又称烟貂。呈浅褐色，体型较大，体质较好，繁殖力高，但部分貂会出现歪颈现象。

2. 米黄色貂

米黄色貂毛色由浅棕色至浅米色，眼呈粉红色，体型较大，美观艳丽，繁殖力强，为我国饲养较多的色型。在培育组合色型彩貂时可用此貂。

3. 索克洛特咖啡色貂

索克洛特咖啡色貂毛色与褐咖啡色貂相近，体型较大，繁殖力强，但被毛粗糙。

4. 浅黄色貂

浅黄色貂被毛色泽为极浅的黄褐色至接近咖啡色，色泽艳丽，繁殖力和抗病力均较弱。

（四）白色系

白色系水貂是隐性突变型，包括黑眼白貂和白化貂。

1. 黑眼白貂

黑眼白貂又称海特龙貂。毛色纯白，眼呈黑色，被毛短齐，但母貂耳聋，不善于护理仔貂，公貂配种能力较低，母貂繁殖性能差。

2. 白化貂

被毛呈白色，眼粉红色，鼻、尾、四肢部位色素集中，呈锈黄色，眼畏光。被毛的纯白程度不如黑眼白貂。

（五）组合色型

组合色型是指由2～4对突变基因同时控制某个个体的毛色性状，

常见的有如下几种。

1. 蓝宝石色貂

蓝宝石色貂又称青玉色貂，由银蓝和阿留申两对纯合隐性基因组成。被毛呈金属灰色，接近于天蓝色。钢蓝青玉色貂的毛色较深，近于灰褐色。据报道，日本近年来培育出了一种毛色极浅的纯和蓝宝石色貂（alal pp），这种貂虽然无生育能力，但因色型美观而获得很高的评价。

2. 银蓝亚麻色貂

银蓝亚麻色貂是由银蓝和咖啡色两对纯合隐性基因组合而成。被毛呈灰色，眼深褐色。

3. 珍珠色貂

珍珠色貂是由银蓝和米黄色两对纯合隐性基因组合而成。毛色为特别浅的棕色或棕灰色，眼呈粉红色。钢蓝珍珠色貂的毛色基本上与珍珠色貂相似，但有些个体褐色被毛较多，因而常易同浅褐或浅棕色混淆。

4. 红眼白貂

红眼白貂又称帝王白貂、吉林白貂。由咖啡色和白化 2 对隐性基因组合而成。我国于 20 世纪 60 年代初曾少量引入，经中国农业科学院特产研究所培育成适应中国饲养条件的彩貂良种，1982 年被鉴定和命名为"吉林白水貂"。毛全身呈均匀一致的乳白色，被毛丰厚灵活，具有较强的光泽，针毛平齐，分布均匀，眼呈粉红色，体型大而粗，具有耐粗饲、生长发育快、抗病力强、生产性能较稳定的特点。繁殖性能优于黑眼白貂。

5. 冬蓝色貂

冬蓝色貂是由银蓝、青蓝和咖啡色 3 对隐性基因组合而成。被毛呈浅棕灰色，眼呈粉红色，容易与衣立克貂混淆。

6. 紫罗兰色貂

紫罗兰色貂是由白金、青蓝和莫伊尔浅黄色 3 对隐性基因组合而成。被毛的色泽与冬蓝色貂相似，但有的略浅或略蓝。

7. 粉红色貂

粉红色貂是 4 对纯合隐性突变基因的组合色型。毛色接近于很浅的隐性珍珠色貂，并带有浅粉红色色调，眼呈红色。其毛皮在裘皮市场上颇受欢迎。

8. 芬兰黄宝石色貂

芬兰黄宝石色貂是由褐眼咖啡和索克洛特咖啡 2 对纯合隐性基因组合而成。毛浅褐色，眼深褐色。

9. 玫瑰色貂

玫瑰色貂是由咖啡色、索克洛特、米黄色 3 对纯合隐性基因再加 1 对银紫色杂合基因组合而成。毛色呈浅玫瑰色，其毛皮单价高于标准貂，是近年来水貂育种的新成果。

第三章　水貂养殖场设计与环境安全控制新技术

第一节　水貂养殖场设计新技术

建设水貂养殖场（简称水貂场养貂场）的首要工作是要选择适合水貂生长、繁殖的场地，同时综合考虑地理条件、饲料条件、社会条件、环境条件等因素。其次，要对水貂养殖场布局进行合理规划设计，既要有利于水貂的生长繁殖，又要有利于规模化操作和管理。场址的好坏和布局是否合理直接关系到水貂养殖场的经济效益和发展规模。

一、水貂养殖场场址选择

水貂养殖场的选址直接关系到投产后养殖场的生产、经营管理、场区小气候状况及环境保护状况。场址选择不当，可导致整个养殖场在运营与经济效益上受损，造成周边环境污染。因此，在建水貂养殖场之前，必须对生产规模、将来种群发展情况作全面规划，再根据水貂养殖场建设要求综合考虑自然环境、社会经济状况、水貂的生理和行为需求、卫生防疫条件、生产流通及组织管理、环境保护等各种因素。还要充分了解国家畜牧生产区域布局和相关政策、地方生产发展和资源合理利用要求等。选择场址应符合本地区农牧业生产发展总体规划、土地利用发展规划、城乡建设发展规划和环境保护规划的要求。

　　理想的水貂养殖场场址，应该有良好的自然环境和社会环境。在饲料、水、电、供热燃料和交通等方面应满足基本的生产需要；有充足的土地面积用于建设貂舍，贮存饲料，堆放垫草及粪便，有能消纳和利用粪便的土地，分期建设时要预留远期工程建设用地；有适合养殖的周边环境，与居民区和污染源保持足够的距离并选择适宜朝向，符合当地的规划和环境距离要求（图3-1）。

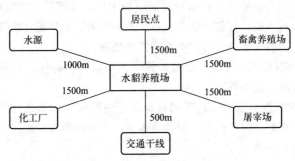

图 3-1　水貂养殖场选址示意图

　　水貂养殖场场址选择要考虑的自然条件包括地形地势、水源水质、土壤和气候因素。国家规定的自然保护区、水源保护区、风景旅游区不可以建场。受洪水或山洪威胁及泥石流、滑坡等自然灾害多发地带，自然环境污染严重的地区也不适合建水貂养殖场。

（一）水貂养殖场场址选择的具体条件

1. 地理条件

　　① 地理纬度　水貂比较适合在纬度较高、光照及温度季节性较为明显的地区饲养，这样水貂才能正常繁殖且其被毛质量比较理想。我国适合水貂生活、繁殖、毛皮成熟的地区是东北、华北、华中的长江以北地区（北纬30°～50°）。北纬30°以南地区不宜饲养水貂，在低纬度地区水貂繁殖功能受到抑制，生产性能和毛皮质量也会逐年下降。

② 海拔高度　中、低海拔高度适宜水貂养殖；高海拔地区（3000m 以上）不适宜，高山缺氧有损水貂健康，紫外光照度高亦会降低毛皮品质。

2. 饲料条件

① 饲料资源条件　具备饲料种类、数量、质量和无季节性短缺的资源条件（详见本书第五章）。不管是大场还是小场，保证动物性饲料来源是养貂场的基本条件。如养 100 只种貂（公 1：母 3），年末总数可达到 300～500 只，全年需要动物性饲料 22～25t 和足够的谷物饲料、蔬菜等。因此，养貂场应建在肉类加工厂附近或肉、鱼类饲料来源比较容易的地区，如畜禽屠宰加工厂、冷冻厂、沿海鱼厂等，以保证饲料供应。目前，随着饲料工业的发展，水貂配合饲料逐渐投入使用，饲料资源条件可以不再受严格限制。

② 饲料贮藏、保管、运输条件　主要指鲜动物性饲料的冷冻贮藏、保管和运输条件。

③ 饲料价格条件　具备饲料价格低廉的饲养成本条件。饲料的其他条件再好，但价格贵，饲养成本高，无养殖效益的地区也不能选建养貂场。

3. 自然环境条件

① 地势　养貂场应修建在地势稍高、地面干燥、通风向阳的地方。背风向阳的南面或东南面山麓，能避开强风吹袭和寒流侵袭的山谷、平原，是修建养貂场较理想的地方。低洼泥泞的沼泽地带、有洪水泛滥的地区，不适于修建养貂场。

② 面积　场地的面积既要满足饲养规模的设计需要，也应考虑到有长远发展的余地。

③ 坡向　坡地要求坡度不要太陡，坡地与地平面之夹角不超过25°。坡向要求向阳南坡，如一定要在北坡，则要求南面的山体不能阻碍北坡的光照。如一定要在海岛地形上建场，则按阶梯式设计。

④ 土壤　土壤的透气透水性、吸湿性、毛细管特性、抗压性以及土壤中的化学成分等，不仅直接或间接影响场区的空气、水质和植被的化学成分及生长状态，还可影响土壤的净化作用。透气透水性不良、吸湿性大的土壤，当受粪尿等有机物污染以后，往往在厌氧条件

下进行分解,产生氨气、硫化氢等有害气体,使场区空气受到污染。这些污染物及其厌氧分解的产物还易于通过土壤孔隙或毛细管而被带到地下水中,或被降雨冲积到地面水源中,从而污染水源。

适合建场的土质条件如下:透水性、透气性好,毛细管作用弱,吸湿性、导热性小,质地均匀、抗压性强。沙土、沙壤土或壤土透水性较好,易于清扫,并易于排出场内的各种污物,最适宜修建养貂场。而透水性较差的黏土因不易排出积水,易造成潮湿泥泞,不适宜建场。修建养貂场尽量不占用农田,避免与农争地。

但在一定地区内,由于客观条件的限制,选择到最理想的土壤不容易。这就需要在水貂养殖场的设计、施工、使用和其他日常管理上,设法弥补当地土壤的缺陷。

⑤ 水源 在养貂场里,因加工饲料、清扫冲洗、动物饮用等,需水量较大。因此,场址应尽量选在有河流、湖泊等地带,或有丰富清洁地下水源的地方。同时要求水质洁净,达到饮用水标准。地下水没有污染,有的还含有某些对动物和人体有益的微量元素,是较好的水源,需注意的是有时地下水也会含有某些矿物性毒物,引起地方性疾病;溪水一般来自山涧,不易污染;自来水是经过加工的,其卫生指标一般是符合规定标准的,是最好水源;而江河水常常流经城市,容易受到污染,可适当增加净水设备,但这样的话会增加饲养成本。

计算水貂养殖场用水量及设计给水设施时,必须按单位时间内最大耗水量计算。因为水貂养殖场的用水量不是均衡的,在每个季度、每天的不同时间段内都有变化:夏季用水量远比冬季多;白天生产管理时用水量骤增,夜间用水量相对要少。

⑥ 气象和自然灾害 易发洪涝、飓风、冰雹、大雾等恶劣天气的地区不宜选建水貂养殖场。

4. 社会条件

① 能源、交通运输条件 水貂养殖场应建在交通条件比较方便的地方,以便于防疫和饲料的运输。如自己不建冷库,距离冷库不要太远,以便贮存动物性饲料。养貂场饲料加工、冷库运行等必须具备可靠的电力供应。因此,为了保证生产的正常进行,减少供电投资,应靠近输电线路,另外还应配备小型发电机,以备停电时应急

使用。

②卫生防疫条件　水貂养殖场要求环境清洁卫生，未发生过疫病和其他污染。水貂养殖场应建于居民区及公共建筑群的下风向处，但要离开居民点污水排出口，不应选在化工厂、屠宰场、皮革厂等容易造成环境污染企业的下风向处或附近。小型养殖场与居民点的距离200m以上，大型养貂场与居民点的距离1500m以上。与其他畜牧场、兽医机构、畜禽屠宰厂等间距应不小于1500m。水貂养殖场应距国道、省际公路500m以上，距省道、区际公路300m以上，距一般道路100m以上（有墙时可缩小到50m）。水貂养殖场要修建专用道路与公路相连。养貂场门口应该设消毒石灰槽，进出场内应经过消毒处理，做好疫病的预防措施。

③低噪声条件　养貂场应常年无噪声干扰，尤其4～6月份更不应有突发性噪声刺激。

④公益服务条件　大型养貂场职工及职工家属较多，应考虑就近居住和社会公益服务条件。

⑤土地规划条件　水貂养殖场的建设必须符合当地土地利用规划要求，并且与当地发展规划相一致。

5. 技术条件

①养殖技术条件　养水貂是一个技术性很强的产业。因此，必须事先培养技术力量或外聘技术人员来指导本养殖场的技术工作。实践证明，这是完全必要和不可缺少的。

②环保技术条件　在建水貂养殖场时，还应考虑到水貂养殖场对环境的污染问题。养貂场的主要污物是貂的粪便及清扫冲洗后的污水，前者应经发酵处理后，作农田的有机肥料，也可用发酵好的粪便混合部分土壤用于饲养、繁殖蚯蚓，以充当貂的部分动物性饲料。水貂养殖场的污水不能直接排入江、河、湖泊，应进行无害化处理后再排放。因此，在建设养貂场时应同时建设粪污处理设施。

（二）水貂养殖场场址选择的具体实施

1. 踏查和勘测

根据水貂养殖场场址选择的具体条件逐项进行踏查和勘测水源、水质等重要项目，需实地取样检验。有条件的地方可多选几处场地，以便于评估和筛选。

2. 评估和论证

聘请有经验的专家或专业技术人员共同对所踏查和勘测的土地充分评估和论证，权衡利弊，确定优选场址。

3. 办好用地手续

场址选好后应迅速根据需用土地的面积、类型、性质等，按国家有关法律办理土地使用手续。

二、水貂养殖场规划设计

场址选好后，动工建场前应对水貂养殖场各部分建筑进行全面规划和设计，使场内各种建筑布局合理。

（一）水貂养殖场规划的内容及总体原则

1. 水貂养殖场规划内容

水貂养殖场总体规划主要内容是生产区（包括貂棚、饲料贮藏室、饲料加工室等建筑物）、管理区（包括与经营管理有关的建筑物、职工生活福利建筑物与设备等）和疫病防治管理区（包括兽医室、隔离舍等）的设置和合理布局。

根据养殖规模的大小，可分为小型养殖场（以家庭养殖为主，母貂 30～50 只）、中型养殖场（母貂 200～600 只）、大型养殖场（母貂 2800 只以上）。

2. 水貂养殖场场地规划总体原则

第一，依据地势和主风向进行合理分区。职工生活区（居民点）应占全场上风向和地势较高的地段；其次为管理区；生产区设在这些区的下风向和较低处，但要高于疫病防治管理区，并在其上风向。生产区与生活区、管理区保持 100m 距离，生产区与疫病防治管理区保持 200m 距离。生活区、管理区的生活污水，不得流入生产区。

第二，加大生产主体即生产区的用地面积，尽量增加载貂量，根据实际需要尽量缩减管理区和疫病防治管理区的用地面积，以保证和增加经济效益。一般饲养区用地面积占总场区面积 80% 以上。

第三，各种设施、建筑的布局应便于生产，符合卫生防疫条件，力求规范整齐。为便于管理操作，养殖区可分为种公貂区、种母貂区、皮貂区。种貂区应该选择在背风向阳的地方。皮貂区应该规划在靠近饲料加工车间的地方，生长期皮貂需要的饲料量很大，如果饲料加工车间太远会给饲养员带来很多麻烦。大型养殖场可根据工人的管理能力，把大型种群分成若干小群管理。

第四，整个水貂养殖场建设标准应量体裁衣，因地制宜，尽量压缩非直接生产性投资。

第五，根据总体规划分阶段投资建设，并为长远发展留有余地。

（二）水貂养殖场规划的具体要求

1. 管理区

管理区包括各种办公室、宿舍、物料库、车库、消毒间、配电室、水塔等。水貂养殖场的经营管理活动与社会联系极为密切。因此，在规划时，管理区位置的确定，应有效利用原有的道路和输电线路，充分考虑饲料和其他生产资料的供应、产品的销售以及与居民点的联系。水貂养殖场的供销运输与社会联系频繁，造成疫病传播的机会较多，故场外运输应严格与场内运输分开。在场外管理的运输车辆严禁进入生产区，车库应设在管理区。除饲料库以外，其他仓库须设在管理区。管理区与生产区应加以隔离。外来人员只能在管理区活动，不能进入生产区。

2. 生产区

生产区主要包括各种貂舍和饲料加工、贮存间，是全场的工作重心，规模大的可分区规划与施工。为保证防疫安全，应将种貂和皮貂分开，设在不同地段，分区饲养管理。貂棚应设在光照充足、不遮阳、地势较平缓的区域。种貂和幼貂应饲养在防疫比较安全的地方，一般要求在上风向处。

与饲料有关的建筑物，应配置在地势较高处，并且应保证卫生与安全。饲料贮藏室、饲料加工室应设在生产区上风向的区域，离最近饲养棚（栋）的距离20～30m。水貂养殖场的垫草用量大，堆放位置宜设在生产区的下风向，要考虑防火的安全性，与其他建筑物有60m的距离。

3. 疫病防治管理区

疫病防治管理区主要包括兽医室、隔离舍等，是病貂、污物集中之地，也是卫生防疫和环境保护工作的重点。为防止疫病传播，该区应设在生产区的下风向与地势较低处，与棚舍保持 300m 的距离。病貂隔离舍应单独设置院墙、通道和出入口。该区的污水与废弃物应严格处理，防止疫病蔓延和对环境造成污染。

4. 粪污管理区

粪污管理区是水貂粪尿及其他废弃物堆放、处理和利用的场地，具有极其重要的公共卫生学意义。粪污处理设施应在下风向处，距貂舍 300~500m。粪污管理区的设置，应便于貂粪运出，注意减少其对环境的污染。

（三）水貂养殖场布局

为了更好地解决水貂养殖场及其周边环境日益突出的问题，防止环境污染，保障人貂健康，促进畜牧业的可持续发展，水貂养殖场的布局必须依照国家法规，考虑当地条件，采用科学的饲养管理工艺，经济上合理，技术上可行，为水貂和管理人员创造良好的环境。

建筑物的排列一般要求横向成行，纵向成列。尽量将建筑物排成方形，建筑物长度一般不能超过 50m，避免过于狭长而造成饲料、粪污运输距离加大，致使管理和工作不便。一般 4 栋以内，单行排列；超过 4 栋，则可双行或多行排列。

建筑物的位置，应考虑功能关系，即貂棚建筑物在生产中的相互关系；防疫要求，主要考虑场地地势和主风向；建筑物的朝向，主要考虑防寒、防暑，貂舍朝向以南向或南偏东、偏西 45°以内为宜；建筑物的间距指相邻建筑物纵向之间的距离，主要考虑貂棚的采光、通风、防疫、防火和占地面积，棚间距应为 2~3 倍貂棚檐高，可满足各种要求。

场内净道和污道要严格分开，排水要做到雨污分流。

第二节　水貂养殖场设施与设备选择

从生产角度考虑，水貂养殖场必须有貂棚、笼舍、饲料加工室等必备建筑，有条件的大型水貂养殖还应具备冷冻贮藏室、仓库及菜窖、综合技术室、毛皮加工室等。

一、貂棚

貂棚有两种，即普通貂棚和控光貂棚。普通貂棚是在光周期变化能满足水貂生理变化需要的高纬度地区（北纬30°以北）最常见的貂棚。控光貂棚是在光周期变化不能满足水貂一年中生理变化需要的低纬度地区所使用的，在该地区必须通过控光来保证水貂的正常生长发育。在高纬度地区，为了通过控光来增加水貂胎次、缩短胚泡滞育期也可采用控光貂棚。

1. 普通貂棚

貂棚是放置貂笼舍的简易建筑物，它能使笼舍和水貂不受雨雪的侵袭和烈日的直射，是水貂养殖场重要的建筑之一。

普通貂棚只要修建棚柱、棚梁和人字架，加盖棚盖就可以了，不需要修建四壁墙。修建貂棚的材料没有硬性规定，可以因地制宜，就地取材。可以用角钢焊成人字架，柱子用角钢或圆钢，上面用石棉瓦搭棚。也可以用砖、沙、水泥修建成长、宽、高约24厘米的砖垛子，用木头做人字架，上面盖草。也可以根据貂养殖者实际财务情况因陋就简，因料设计。

貂棚走向、配置对温度、湿度、通风和接受光照等都有很大的影响。设计修建貂棚时，应考虑到夏季能遮挡太阳的直射光，通风良好；冬季能使貂棚两侧较平均地获得日光，避开寒流的侵袭。貂棚的走向，可根据当地的地形及所处的地理位置而定。

貂棚的长度不限，以操作方便为原则。一般长25～50m或更长，棚宽3.5～4.0m，貂棚与貂棚之间距离4m左右。棚间距不能太宽，也不能太窄。太宽占用土地多造成浪费；太窄水貂得不到必要的光照条件，夏季通风不良，容易引起水貂中暑。棚檐高度与笼舍安放模式有关，要求日光不直射貂笼。为便于饲养员工作，棚顶盖要做成人字形的。貂棚要求结构简单、坚固耐用。

目前，常见的貂棚主要有以下几种：

① 双排单层笼舍貂棚　这种貂棚过道高2m，便于工作人员行走操作。棚檐到地面的高度为1.1～1.2m，能有效挡住夏天的阳光直射，能增强防风能力，提高毛皮品质。

②双排双层笼舍貂棚　这种貂棚的特点是棚檐较高，达1.4～2.0m，虽然提高了利用率，但日光容易直射到笼舍上，对水貂毛皮质量产生不利影响。

③多排单层笼舍貂棚　这种貂棚可安装6～8排笼舍，两边养种貂，中间养皮貂。通常貂棚脊铺50～60cm宽的可透光玻璃纤维瓦，使棚内白天可得到足够的光照。

2. 控光貂棚

控光貂棚可以在普通貂棚的基础上改造，也可以重新设计建造。它除了具备普通貂棚的作用外，还具有控光的特殊作用。因此，改建或新建的控光貂棚，在遮光时应达到遮光严密、通风良好的要求，同时还要方便操作。

为使控光效果更加理想，同时节省遮光材料，在新建控光貂棚时，棚檐高度可适当降低。控光貂棚的两端用苇席、竹席、油毡纸或砖坯等遮光材料分别修建一拐弯的通风道，这种通风道要拐3～4个弯。它的作用是在关闭遮光设备时，保持貂棚内外空气畅通，同时遮挡住棚外光线射入棚内，饲养人员可以在通风道内通行。在气温较高的低纬度地区，控光貂棚的顶盖上还必须安装2～4个拐弯的通风口。有的用几节炉筒和拐脖安装在棚顶上就达到了通风遮光的效果。控光貂棚的两侧可利用各种遮光材料做成控光门、控光帘或控光板等，下面介绍几种较适用的控光貂棚。

①门式控光貂棚　用木方钉成大小合适的木框，在木框上钉一层油毡纸和一层竹席，做成较为轻便耐用的控光门，再用合叶安装在貂棚两侧的棚柱上。貂棚的每小间安装两扇门，可以灵活地对门对开。

②窗式控光貂棚　在貂棚两侧棚檐下，用砖或土坯修砌一道高30～40cm的矮墙。在棚檐下边缘固定一结实木方，木方上用合叶连接能关闭和撑开的遮光板。遮光板用大小合适的木框钉成，并在木框上钉上油毡纸和苇席。在遮光板左右方及下方，油毡纸和苇席边缘伸出木框外5～6cm，使之关闭遮光板时遮光严密。

③帘式控光貂棚　用结实的帆布制成遮光布帘。布帘高与貂棚檐高相等，宽度不限，4～6m或更宽均可，布帘里面刷上黑色油漆，

用以吸收可见光谱的可见光线；布帘外面刷上白色油漆，用以反射可见光谱的全部光线。这样刷漆后，可以提高遮光效果，延长布帘的使用年限。布帘上端用定滑轮固定在棚檐上，下端固定一根较重的木棍或铁棍。遮光时，把布帘放下；不遮光时，把布帘拉上。操作灵活轻便。

二、笼舍

水貂的笼舍由貂笼和小室两部分组成。小室供水貂休息、产仔和哺乳用，多采用 1.5～2cm 厚的木板（以松木为佳）制成，或由木板做侧板、电焊网做顶网和底网组合而成。貂笼是水貂活动、采食、交配、排便的场所，多用镀锌电焊网编制笼子，不仅坚固耐用，而且美观。

根据饲养目的的不同，笼舍可以分为种貂笼舍、皮貂笼舍和带有活动隔板式的笼舍。

1. 种貂笼舍

种貂笼的规格一般长 50～60cm，宽 30～40cm，高 40～45cm。

小室规格为长 35cm，高 35cm，宽 30～45cm。小室出入口开在小室的偏上位置，直径 12cm，其下缘距小室底板 20cm。小室顶部有一活动盖，盖下有一层可抽出的网，其目的是在打开上盖观察水貂时防止跑貂。

2. 皮貂笼舍

母皮貂笼的长度通常为 50～60cm，宽度为 15～25cm，高度为 30～45cm。公皮貂笼的长度一般为 50～60cm，宽度为 23～45cm、高度为 35～45cm。

皮貂小室规格为 30cm×30cm×23cm，每 5～6 个连在一起，但小室盖要分别制作，以便单独开启。有的水貂养殖场皮貂小室用铁丝编制，置于笼的顶部。

3. 带有活动隔板式的笼舍

这种笼舍是为提高笼舍利用率而设计的。主要特点是在小室内设计一块可以装卸的隔板，非繁殖期装上隔板，将小室分为相等的 2 个小间，每个小间设有一个圆形出入口（直径 10～12cm），同时配备 2

个貂笼，可供饲养 2 只水貂（皮貂和种貂均可）。繁殖期（妊娠期、产仔哺乳期）取下隔板，使之变成一间，一室 2 笼养 1 只种貂。笼子规格为 60cm×45cm×45cm，小室规格为 45cm×35cm×45cm。种貂窝箱的出入口要离箱底高一些（50～100mm），必须安装插板口，以便在配种和产仔检查时使用。出入口直径为 12cm。

三、饲料加工室

饲料加工室是冲洗、蒸煮、绞制及调制水貂饲料的地方，根据貂群大小来确定饲料加工室的规模。室内地面及四周墙壁要水泥压光或贴瓷砖，设下水道，以便于刷洗、清扫和排除污水。室内应配备下列设备：

① 洗涤用具　水池、水槽、缸、盆等；

② 熟制用具　谷物饲料膨化机、烤炉、蒸箱、蒸煮炉、笼屉、高压气罐或简易蒸锅、锅炉等；

③ 粉碎设备　破冰机、谷物粉碎机、骨骼粉碎机、绞肉机等；

④ 混合搅拌设备　搅拌机；

⑤ 分装饲料用具　秤、铁锹、喂食车、桶等。

四、冷冻贮藏室

冷冻贮藏室主要用于贮藏动物性饲料，是大、中型水貂养殖场很重要的设施之一。冷冻贮藏室的温度一般为 -15℃，以保证动物性饲料不会腐败变质。小型水貂养殖场可以使用冰柜或在背风阴凉的地方或地下修建简易的冷藏室。这种冷藏室造价低、保管方法简便，但室温较高，饲料保存时间较短。

五、仓库及菜窖

仓库主要用于贮藏谷物饲料和其他干饲料。库内要求阴凉、干燥、通风、无鼠虫危害。仓库应该建在饲料加工室附近，以便运取饲料。

菜窖是我国高纬度地区水貂养殖场秋季贮藏蔬菜不可缺少的建筑设备。

六、综合技术室

综合技术室包括兽医室、分析化验室及科学研究室。

兽医室负责水貂养殖场的卫生防疫和水貂疾病的诊断治疗等，应配有显微镜、冰箱、高压灭菌锅、离心机、恒温培养箱、无菌操作台、试剂架等仪器设备。

分析化验室主要负责水貂饲料的营养成分分析及毒物鉴定等，应配有高效液相色谱仪、粗纤维测定仪、定氮仪、茂（马）福炉、脂肪测定仪、黄曲霉检测仪、硬度计、摇筛机、粉碎机、光度计、烘干箱等仪器设备。

科学研究室的任务是研究并解决水貂养殖过程中各项科学理论和生产实践方面的技术课题。

七、毛皮加工室

在规划设计水貂养殖场时，应设置一个具有一定面积的毛皮加工室。此外，应配备如下设备。

采用手工取皮方法时，应配备用木制材料制作的剥皮台、洗皮台和晾皮架等，用于取皮、剥皮、刮油、洗皮和晾皮。

当采用机械进行刮油、洗皮、烘干等操作时，需要配备刮油机、洗皮机、风干机和楦板等设备。洗皮机和楦板可自制。洗皮机包括转筒和转笼。转筒呈圆筒状，直径1m左右，用木板或铝板制成。筒壁上装一开关门，供放、取皮张时用。将圆筒横卧于木架或角铁架上，一横轴连接电动机，用电力启动转筒，转速为20r/min，每次可洗皮30~40张；转笼形状如转筒，但筒壁是用网眼直径为1.2~2cm的铁丝网围成的。将洗好的皮张放在转笼中，以甩净毛皮上所附的锯末。楦板是用以固定皮形、防止干燥后收缩和褶皱的工具。楦板用干燥的木材制作，其规格在国际市场上有统一标准。

除上述设备外，去皮还需要挑裆刀、刮油刀、刮油棒、普通剪刀、线绳和锯末等。挑裆刀为长刃尖头刀，用于挑裆、挑尾及剥离耳、眼、鼻、口等部位的皮；刮油刀可用电工刀代替，用于手工刮油；刮油棒用木制材料制成，一头大一头小，呈圆柱形，长80~

85cm，用于套刮油的皮张。

毛皮烘干应置于专门的烘干室内，配备吹风干燥机。室内温度控制在 20~25℃。

毛皮加工室旁还应建毛皮验质室。室内设验质案板，案板表面刷成浅蓝色，在案板上部距案板面70cm高处，安装 4 只 40W 的日光灯管，门和窗户备有门帘和窗帘，供检验皮张时遮挡自然光线用。

八、其他

在水貂养殖场大门及各区域入口处，应设相关的消毒设施。如车辆消毒池、人的脚踏消毒槽或喷雾消毒室、更衣沐浴消毒室等。

为了防止跑貂，可在貂棚的四周修砌一道围墙。一般墙高 1.5m 左右。围墙的取材不限，土、砖石或竹木均可，但是围墙内壁要光滑，以防刮伤水貂。此外，养貂场还应根据其具体情况购置或制作一些常用器具，如串貂笼、种貂运输笼、捕貂网、棉手套及清扫和消毒用具等。

第三节　水貂养殖场环境控制新技术

水貂养殖场环境是由各种环境因素组成的综合体，包括自然环境和生活环境。各种环境因素既可以对水貂产生有益的作用，在一定条件下，也会产生不良的影响。各种环境因素按其属性可分为物理性、化学性和生物性三类。

物理性因素主要包括经纬度、海拔、光照、温度、湿度、风速、热辐射、噪声、非电离辐射和电离辐射等。化学性因素包括大气、水、土壤中含有的各种有机和无机化学物质。生物性因素是指环境中的细菌、真菌、病毒、寄生虫和变应原（花粉、真菌孢子、尘螨和动物皮屑等）等。

养貂生产中，水貂处于被动地适应着人工环境。自然大环境和人工小环境都会对水貂产生影响，规模化生产中环境因素和工程设施间的相互作用，采暖、通风和控温等环境调控设施以及规模化生产工艺的技术水平，都直接影响着水貂的生产。

一、影响水貂生产的环境因素

1. 物理性因素

（1）经纬度

经度和纬度是确定动物地理位置的重要指标，二者缺一不可。但是，影响特种经济动物生活的主要环境因子之一是纬度。纬度不同，动物所处地理位置的光照、温度、湿度、风力等环境因子不同，从而影响动物的生产。水貂属高纬度动物，北纬 30°以南地区不宜饲养，否则会引起毛皮品质退化和不能正常繁殖的不良后果。

（2）光照

光谱组成、光照强度、光照时间和总辐射量，直接影响动物昼夜节律、季节性节律（繁殖、换毛、迁徙等）等生命活动。

光照随着纬度、季节、云雾、植被等情况的变化而变化。正中午的光照强度高，早晚的光照强度低；夏季的光照强度比冬、春季强；低纬度区比高纬度区强。每到春分和秋分时，昼夜时数相等。从春分到夏至，日照时间逐渐延长，昼夜时差逐渐增加；过了夏至日照时间逐渐缩短，昼夜时差也逐渐减少；过了秋分，日照时间继续缩短，昼夜时差出现负增加；过了冬至，日照时间延长，昼夜时差减少。这种光照周期的季节性变化，年年恒定不变。

光照周期性变化与水貂季节性繁殖和季节性换毛的关系是十分密切的。光照周期性变化通过视神经将其神经冲动传入神经中枢，从而影响内分泌的变化，使水貂性活动呈现季节性变化。高纬度区域，昼夜时差大水貂能顺利完成生殖活动和换毛。

（3）温度

温度对水貂的生活和生产有直接或间接的影响。温度直接影响貂的体温，体温的高低又决定了动物新陈代谢过程的强度、生长发育速度、繁殖性能等。温度通过影响气流、降雨等而间接影响特种经济动物的生活和生产。温度随着不同地理位置、纬度、栖息环境、季节等条件的变化而变化。

温度超过水貂适宜温区的下限或者上限后就会对水貂产生有害影响，温度越高对水貂的伤害作用越大。温度对水貂生产的影响是多方面的，如影响动物的发情、交配、受精、胚胎成活以及动物产品生产等。寒冷时，使动物容易发生呼吸道疾病；高温会引发水貂日射病或热射病。因此，水貂生产中要注意夏季防暑降温，冬季防寒保暖。

（4）湿度

湿度与水貂的生长发育、产毛、健康、繁殖和疾病有密切关系。湿度较大时，既不利于夏季散热，也不利于冬季保温，水貂还容易感染体内外寄生虫病等，对动物生产不利。湿度较小时，同样可导致水貂被毛粗糙，品质下降，引起呼吸道黏膜干裂，而导致细菌、病毒感染等。繁殖期内降水及引起空气相对湿度的异常变化，会影响水貂的正常活动、采食量、代谢和健康状况，直接或间接对生殖细胞的发生、受精卵着床及胎儿的发育造成不良后果。动物排出的粪尿、呼出的水蒸气、冲洗地面的水分是导致舍内湿度升高的主要原因。为降低舍内的湿度，可以加强通风，或撒生石灰、草木灰等，阴雨潮湿季节舍内清扫时应尽量避免用水冲洗。

（5）海拔

海拔高度不同，气温、气压、空气成分、饲料种类与营养成分等也不同。水貂由低海拔地区迁移到高海拔地区饲养时，由于生活环境的剧烈变化，气压不足，使呼吸、循环系统功能发生变化，影响其生长发育和繁殖力，甚至引起一些疾病。但水貂也能逐渐适应高纬度环境，以增加血液中红细胞和血红蛋白的含量来适应高原缺氧。

（6）空气质量与气流

通风可以排除动物圈舍内的污浊气体、灰尘和过多的水汽，能有效降低呼吸道疾病的发病率，同时可以调节圈舍温、湿度。例如，水貂排出的粪尿及污染的垫草，在一定温度条件下可分解散发出氨气、硫化氢等有害气体。水貂生产中可通过勤打扫、勤冲洗、加强通风换气来保持舍内的空气新鲜。

（7）噪声

噪声是重要的环境因素之一。突然的噪声可导致妊娠水貂流产，哺乳水貂拒绝哺乳，甚至咬食仔兽等严重后果。噪声的来源主要有3个方面：一是外界传入的声音；二是由棚内机械、操作产生的声音；

三是动物自身产生的采食、走动和争斗声音。动物如遇突然的噪声就会惊慌失措、乱蹦乱跳、蹬足嘶叫，导致食欲不振甚至死亡等。为了减少噪声，兴建圈舍一定要远离高噪声区，如公路、铁路、工矿企业等，尽可能避免外界噪声的干扰；饲养管理操作要轻、稳，尽量保持动物圈舍的安静。

（8）灰尘

空气中的灰尘主要有风吹起的干燥尘土和饲养管理工作中产生的大量灰尘，如打扫地面、翻动垫草、分发干草和饲料等。灰尘对水貂的健康和貂产品品质有着直接影响。灰尘降落到水貂体表，可与皮脂腺分泌物、毛、皮屑等黏混在一起而妨碍皮肤的正常代谢，影响毛皮品质；灰尘吸入体内还可引起呼吸道疾病，如肺炎、支气管炎等；灰尘还可吸附空气中的水汽、有毒气体和有害微生物，产生各种过敏反应，甚至感染多种传染性疾病。为了减少圈舍空气中的灰尘含量，应注意饲养管理的操作程序，保证棚舍通风性能良好。

2. 化学性因素

大气、水、土壤中含有多种有机和无机化学物质，其中大部分化学物质对水貂生产没有不利影响，只有少部分会对水貂产生刺激或毒害作用，如大气受到污染会含有粉尘/可吸入颗粒物、二氧化硫、氮氧化合物、苯并芘等；水和土壤受到污染会含有氟化物、氰化物、苯类、酚类、有机磷农药、有机氯农药、多环芳烃、汞、砷、铬、铝、镉等有毒物质。根据这些有毒害化学物质来源可分为场外来源和场内来源。针对场外来源的有毒化学性因素，在选择场址时要尽可能避开；对于场内来源物质，要查明具体来源，改进饲养管理措施，杜绝有毒害化学物质产生，如及时清理粪污并做无害化处理。

3. 生物性因素

环境中的细菌、真菌、病毒、寄生虫是经常存在的，其中部分致病生物会对水貂生产产生较大威胁。一方面，加强饲养管理，增强水貂体质，通过提高其抗病力来减少危害；另一方面，做好卫生防疫工作杀灭致病生物，降低其致病力（详见本书第七章）。

二、水貂养殖场环境控制新技术

1. 合理布局建设

坚持因地制宜，以自然环境条件适合于动物生物学特性、饲料来源稳定、水源质优量足、防疫条件良好、交通便利等为原则，根据生产规模及发展远景规划，全面考虑其布局。棚舍要建在地势较高、地面干燥、背风向阳的地方。场址选好后，对水貂养殖场各部分建筑进行全面规划和设计，各种建筑布局合理，一般分为生产区（包括棚舍、饲料贮藏室、饲料加工室、粪污处理区等）、管理区（包括与经营管理有关的建筑物、职工生活福利建筑物与设备等）和疫病防治管理区（包括兽医室、隔离舍等）3个功能区。功能区分布与排列按照水貂养殖场场地规划总体原则进行。

2. 建立严格的管理制度

水貂养殖场应建立严格的管理制度。所有与饲养、动物疫病诊疗及防疫监管无关的人员一律不得进入生产区。确因工作需要进出生产区的，需经水貂养殖场（区）负责人批准并严格消毒后方能进出。进出生产区的饲养员、兽医技术人员及防疫监管人员等都必须依照消毒制度和规范严格消毒后方可进出。场内兽医不得随意外出诊治动物疫病，特殊情况需要对外进行技术援助支持的，必须经本场负责人批准，并经严格消毒后才能进出。各养殖舍饲养人员不得随意串舍，不得交叉使用圈舍的用具及设备。任何人不得将场外的动物及动物产品等带入场内。同时建立严格的日常消毒制度，科学制订消毒计划和程序，严格按照消毒规程实施消毒，并做好人员防护。在生产区出入口设与门同宽、长至少1m、深0.3m以上的消毒池，各养殖舍出入口设置消毒池或者消毒垫，适时更换池（垫）水、池（垫）药，保持药液有效。生产区入口处设置更衣消毒室，所有人员必须经更衣、手部消毒，经过消毒池和消毒室后才能进入生产区。工作服、胶鞋等要专人使用并定期清洗消毒，不得带出。进入生产区车辆必须彻底消毒。同时应对随车人员、物品进行严格消毒。定期或适时对圈舍、场地、用具及周围环境（包括污水池、排粪沟、下水道出口等）进行清扫、冲洗和消毒，必要时可带兽消毒，保持清洁卫生。同时要做好饲用器具、诊疗器械等的消毒。

发生一般性疫病或突然死亡时，应立即对所在圈舍进行局部强化消毒，规范死亡动物的消毒及无害化处理。所有生产资料进入生产区时都必须严格执行消毒制度，按规定做好本水貂养殖场（区）消毒记录。

第四章　水貂选育与繁殖新技术

第一节　水貂健康高效引种技术

水貂引种是水貂养殖场非常重要的基础性工作，引种运输及其隔离暂养又是技术性较强的工作。应依照《中华人民共和国畜牧法》、国务院《种畜禽管理条例》认真执行。水貂作为经济毛皮动物，驯化程度较畜禽低，因此水貂引种又具有一定的特殊性。

一、引种的准备

1. 有目的地引种

引种要有明确的目的，一般引种是用以改良提高本养殖场貂群品质或增强本养殖场水貂良种优势，有时也为改善本养殖场水貂种群血缘关系而引种。应根据引种目的和需要确定拟引进的种类、性别及数量。

2. 调研

考察并确定引种养殖，引种时应事先考察引种养殖场，选择有种貂经营许可证、种兽合格证和种兽系谱，饲养管理规范，种貂品质优良和卫生防疫条件好，信誉好的大、中型养殖场引种。要事先观察养殖情况、管理情况及种貂品质和系谱等，询问种貂从国外引入时间、繁殖情况、养殖技术及有无阿留申病等，经过观察、咨询和查看生产记录，决定从哪个种貂场引种。正流行或刚流行疫病的养殖场，不能前去引种。对引种养殖场情况不明时，应多考察一些养殖场，货比三家，从优选择。

同时，还要注意采取就近原则进行引种。因为水貂的性成熟和母貂妊娠与光照变化密切相关，不同纬度的日照时间和变化规律是不一样的，只有就近引种，引入的种貂才能更快适应当地的环境而正常繁殖。若是引种地的日照变化与原产地相差悬殊，容易发生公貂配种能力降低、母貂拒配、早产、空怀和产后缺乳等现象。此外，就近引种比较方便，不仅省工省时，而且比较经济。

3. 做好引种准备工作

引种前，提前划出隔离区供引入貂使用，做好消毒垫草工作，准备好捕貂网、串笼等工具，做好笼具、饲具和饮水设施的检修，安排好负责人。确定挑选种貂的技术人员，做好运输车辆、运输用品、运输方式等准备工作。

二、种貂的选种要点

种貂的挑选是引种最关键的问题，一定要按照各类型水貂引种要求严格进行。原则上引进当年幼貂，在不知情的情况下不要贸然引进老种貂。根据前期的调查选定引种场家，询问技术员或者饲养员该种貂的配种高峰期和产仔高峰期，索取仔貂生产记录，并结合仔细观察挑选种貂。

（一）成年公貂

睾丸发育大小匀称，性欲高，配种能力强，精液品质好。所获后代数量多、生命力强。头大，两颊发达，两耳张开挺立，颈粗而长，肩和胸宽大，胸深，背长而宽，腹部紧凑，臀部宽大，身体自然弯曲、灵活，尾粗长，四肢叉开强壮有力，姿态神气，整个体形匀称。标准貂的毛色要深，逐步向更黑一级发展，背腹毛色基本一致，油亮有光泽，毛峰平齐，无白斑或仅下唇少有，无杂毛，针毛稠密、分布均匀、长度在 25mm 以下，绒毛厚密平齐、长度在 15mm 以上。针毛、绒毛的长度比为 1∶0.65。

（二）成年母貂

外生殖器官发育良好，发情正常、明显、有规律，交配顺利。妊娠期短，产仔早，胎产仔数不少于 5 只。有效乳头在 6 个以上，泌乳量足，母性强。仔貂成活率不低于 90%。哺乳结束后，体况恢复快。要求颈粗短、后躯宽大、腹部紧凑，其他各点基本与公貂的体型标准相同。

（三）幼貂

应从同窝仔貂多（胎平均 5 只以上，群平均 4 只以上）、出生早（公貂在 5 月 5 日以前，母貂在 5 月 10 日以前）的仔貂中选择。

（四）美国本黑标准水貂

1. 外貌

公貂头形轮廓明显，面部粗短，眼大有神，公貂显得雄悍，母貂纤秀；颈短而圆，胸部略宽，背腰粗长，后躯较丰满，腹部较紧凑；前肢短小、后肢粗壮，爪尖利，无伸缩性。

2. 体型

引种季节（9 月份下旬）体重：公貂 2kg，母貂 1kg；成年体重：公貂 2.25kg，母貂 1.25kg。引种季节（9 月份下旬）体长：公貂不小于 40cm，母貂不小于 37cm；成年体长：公貂不小于 45cm，母貂不小于 38cm。

3. 绒毛品质

毛色漆黑，背腹毛色一致，底绒灰黑，全身无杂色毛，下颌白斑较少或不显；针毛高度平齐、光亮灵活、有丝绸感，绒毛致密、无伤损缺陷。感官被毛短、平、齐、亮、黑、细。

4. 针毛、绒毛长度及长度比

公貂针毛长 16mm，绒毛长 14mm 左右；母貂针毛长 12mm，绒毛长 10mm 左右；针、绒毛长度比 1∶0.8。

5. 外生殖器官

触摸公貂睾丸时两睾丸发育正常、匀称、互相独立、无粘连。

母貂的阴门大小、形状、位置无异常，无畸形，乳头多而分布均匀。

三、引种的实施

1. 引种的适宜时间

引种最适宜的时间是秋分时节（9月份下旬至10月份下旬），此时幼貂已生长发育至接近成年貂大小，正处于秋季换毛的明显时期，毛皮品质的优劣也初见分晓，加之此时气候又比较凉爽，便于安全运输。过早引种尚看不到种貂的毛皮品质如何，而过晚引种又对准备配种期饲养不利。必要的时候（如种貂优良而货源紧缺）也可以在幼貂分窝以后抢先引种，此时可引进当年出生较早的幼貂，但对其成年后的毛皮品质不便观察。

2. 引种数量和公母比例

新建水貂养殖场，引种的公母比例一般为1∶3。规模较大的新场，最好从相隔较远的2～3个水貂养殖场引种，这样有利于品种的改良。对已养貂多年的老场，引种的主要目的是提高貂群质量和防止近亲繁殖，一次引进的数量不宜过多，而且应以公貂为主。

3. 种貂的挑选

种貂的挑选是引种最关键的环节，挑选种貂时一定要严格按前文"种貂的选种要点"进行，并要慧眼识貂以防以老充小、以次充好、以假乱真（如以杂交改良貂冒充原种纯繁貂等）的现象出现而上当受骗。9～10月份幼貂和老貂从形态上可以区别出来。老貂一般体质较瘦，针毛较粗，但光泽较好，牙齿和爪不尖锐。母貂的颈背部多数还有少量白毛（是交配留下的痕迹）。当年幼貂一般较肥胖，针毛较细，欠光泽，绒毛较丰满，牙齿和爪很尖细，母貂颈背部没有白色杂毛。

4. 挑选出的种貂集中观察

最好让水貂养殖场把挑选出来的种貂集中饲养，引种者要留心观察种貂的采食情况，剔除食欲不佳和错选的品质欠佳者。

5. 种貂的编号及记录其系谱档案

种貂运输前要编好顺序号，并记录每个个体的系谱资料。

四、种貂的运输

1. 运输前准备工作

① 运输前应准备好运输车辆、途中饮水喂食用具和运输工具等。运输车辆要提前备好，并进行检修保养和消毒。运输笼规格一般为 $100cm\times50cm\times20cm$，一只笼子分 5 个小间，每小间放 1 只种貂。笼顶部和侧面为铁丝网，底部用隔板。由于不能保证水貂运输过程中的饮水，因此可投喂切块的黄瓜、苹果、萝卜等多汁的蔬菜或水果。提前查看两地天气预报，避免温差过大。仔细检查笼子是否牢固，并做好种貂编号登记工作。凡运输时间超过 2d 的，应准备中途喂食的饲料。

② 办理检疫手续。种貂运输前一定要根据《中华人民共和国动物防疫法》第三十条规定，由动物防疫监督机构按照国家标准和国务院畜牧兽医行政管理部门的行业标准、检疫管理办法和检疫对象，依法对种貂进行检疫，并须检疫合格。要办理好种貂检疫和车辆消毒手续，办好检疫证明，有的地方还要办理运输证明，并随身携带，以备运输中使用。

③ 种貂备运。运输前应确认养殖场给种貂接种过犬瘟热、细小病毒肠炎疫苗和肺炎疫苗。如未注射，应先接种这些疫苗，经 2～3 周观察无异常情况后，才能运输。运输前最好喂给种貂常规数量的食物，但不宜喂得太饱，运输时间不超过 2d，也可不喂食，但要保证种貂饮水。

2. 装运动物

① 装运动物时，除了力求避免对机体的损伤外，还应注意尽量减少精神损伤。由于精神损伤在外表上没有痕迹，不易观察和发现，往往被忽略，很多没有外伤的动物，其死亡原因多属于此。

② 运笼做好标记。运输时要将运笼做好种貂号码标记，以防引回场后种貂系谱错乱不清。

3. 运输途中注意事项

① 应选择在天气凉爽时运输。

② 对动物运输笼或运输棚严密遮光，不留孔隙，以使动物保持

安静、减少活动、降低能量消耗；避免因孔隙透光而引起动物探头、冲撞和拥挤不安；一般只有在喂食和给水时，才给予较大面积的光量，保障动物顺利摄食和饮水。

③ 种貂装笼、车启动运输后应不停留，尽量缩短中途停留的时间。

④ 用汽车运输时，运笼上要加盖苫布遮阳防雨。长途运输时，中途尽量不要停歇。1昼夜路程时，可不供食供水；2～3昼夜路程时，中途应少量饮水，可不喂食；超过3昼夜时应喂给少量食物。

五、运回场内的管理

① 设立隔离检疫场（区）。依照国家动物检疫法和动物检疫管理办法的具体规定，事先在场区的下风向处设立隔离检疫场（区）。

② 暂放隔离场内饲养观察。新引进的种貂不宜直接放在场内饲养，应在单辟的隔离场或隔离区内暂养观察一段时间（2～4周），确认健康无疾患后方可移入场内饲养。

③ 到场后先饮水，后少量喂食。种貂运抵场内后迅速从运输笼移入笼舍内，先要添加足量饮水，然后喂给少量食物，食物要逐渐增加，2～3d后再喂至常量，以免种貂因运输后饥饿而大量采食，造成消化不良。

④ 及时补注疫苗免疫。若养殖场未对种貂进行免疫，则应在入场饲养前及时进行免疫。

⑤ 运输工具消毒处理。对所用运输工具，特别是运输笼要及时清理和消毒，以备再用。

第二节　水貂育种新技术

育种的目的就是不断改善现有种群品质，扩大优良个体数量，最终目的是改进毛皮品质，培育出适合我国国民经济发展的需要和国际毛皮市场的需求，适应当地气候条件和饲养管理特点的优良品种。因此，必须把提高毛皮质量放在育种工作的首位。通过有目的地选择，采用合理选种选配或杂交手段等，培育出绒毛品质好、体型大、繁殖力强、生命力和适应性强的优良种群，进而培育出我国水貂的新品种。

一、选种

1. 选种标准

（1）毛色和光泽

要求必须具有本品种的毛色特征，全身被毛一致，无杂色毛，颌下或腹下白斑不超过 1cm² 。标准貂按国际贸易的统一分色方法，可分为最最黑、最黑、黑、最最褐、最褐、褐、中褐、浅褐 8 个毛色等级。良种貂要达到最最褐色以上，底绒呈深灰色，最好针毛达到漆黑，绒毛达到漆青色。腹部绒毛呈褐或红褐色者必须淘汰。彩貂应具备各自的毛色特性，个体之间色调均匀。褐色型应为鲜明的青褐色，带红色调的应淘汰；白色型应为纯白色，带黄或褐色调的应淘汰。水貂绒毛光泽性强。

（2）绒毛长度和密度

背正中线 1/2 处两侧的针毛和绒毛，要求针毛长 25mm 以下，绒毛长 15mm 以下，针绒毛长比值为 1：0.65 以上，而且毛峰平齐，具有弹性，分布均匀，绒毛柔软、灵活。绒毛密度每平方厘米有毛纤维12000 根以上（鲜皮）或 3000 根以上（干皮），且分布均匀。

（3）体重和体长

成年公貂体重 2000g 以上、母貂体重 1000g 以上。水貂体长是指从鼻尖至尾根的长度，要求成年公貂体长 45cm 以上、母貂体长38cm 以上。

（4）繁殖力

成年公貂：性情温顺，配种能力强，在一个配种季节可交配 10次以上，所配母貂受孕率达 85％以上、产仔 6 只以上者可留为种用。

成年母貂：选择体型稍细长，头部小、略呈三角形，臀部宽，发情正常，交配顺利，妊娠期在 55d 以内，产仔早，窝产仔成活数在 5只以上，母性强，泌乳量足，仔貂发育正常者可留为种用。

当年貂：选择在 5 月 5 日以前出生，发育正常，系谱清楚，采食旺盛，体型大，体质健壮，换毛早，眼大有神，反应和行动敏捷者留为种用。

对于母貂，有效乳头数不少于 6 个。种貂的有效乳头数对胎产仔数影响不明显，但对仔貂的成活率影响较大，有效乳头多的母貂其仔貂成活率远高于有效乳头少的母貂。母貂选择外阴正常、乳头分布均匀整齐者。对于公貂，则选择睾丸大小适中、左右对称者。

通常种公貂应达一级以上，二级不能留种；种母貂应达二级以上。成年水貂等级标准见表 4-1，幼年水貂等级标准见表 4-2。其具体选种标准见表 4-3 和表 4-4。

表 4-1　成年水貂等级标准

项目	特级	一级	二级
毛色	深黑	黑	黑褐
毛质	短平细亮	短平亮	平亮
体况	健壮丰满	健壮	健壮细致
配种能力	强	强	较强
母水貂胎产/只	>8	>6	>5
断奶成活/只	7	6	5
秋季换毛	9 月份中旬前	9 月份下旬前	10 月份上旬前

表 4-2　幼年水貂等级标准

项目	特级		一级		二级	
	公	母	公	母	公	母
断奶重/g	≥390	≥350	≥350	≥320	≥310	≥300
11 月份体重/kg	>2.2	>1.0	>2.0	>0.9	>1.8	>0.85
11 月份体长/cm	>48	>39	>45	>38	>40	>36
窝产仔数/只	>8		>6		>5	
窝产仔成活/只	7		6		5	
秋季换毛	9 月 20 日前		9 月 30 日前		10 月 10 日前	
毛色	深黑色		黑色		黑褐色	

表 4-3 成年貂选种标准

性别	项目	初选	复选	终选
公貂	首次交配时间	3 月 1 日前		
	交配次数/次	≥15		
	精液品质	优		
	与配母貂产仔率/%	≥90		
	与配母貂胎平均产仔数/只	≥6		
	年龄/岁	1～3		
	秋季换毛开始时间		9 月中旬	
	秋季换毛速度		快	
	绒毛品质			优
	体况	中等	中等	优
	健康状况	优	优	优
	后裔鉴定	优	优	优
母貂	首次受配时间	3 月 1 日前		
	复配次数/次	1～2		
	产仔日期	5 月 1 日前		
	胎产仔数/只	≥6		
	仔貂初生重/g	>10		
	仔貂断奶时成活率/%	≥90		
	母性	好		
	泌乳力	强		
	年龄(周岁)/岁	1～3		
	秋季换毛开始时间		9 月中旬	
	秋季换毛速度		快	
	绒毛品质			优、良
	体况	中等	中等	中上等
	健康状况	优	优	优
	后裔鉴定	优	优	优

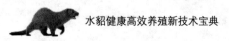

表 4-4　幼貂选种标准

性别	项目	初选	复选	终选
公貂	出生日期	4 月 28 日前		
	同窝仔貂数/只	≥6		
	断奶体重/g	≥400		
	秋分时体重/g		≥2000	
	秋分时体长/cm		≥43	
	秋季换毛时间		9 月中旬	
	秋季换毛速度		快	
	绒毛品质			优
	毛皮成熟			完全成熟
	体况	中上	上	上
	健康状况	优	优	优
	11 月份体重/g			≥2000
	11 月份体长/cm			≥45
母貂	出生时期	5 月 1 日前		
	同窝仔貂数/只	≥6		
	断奶体重/g	≥350		
	秋分时体重/g		≥900	
	秋分时体长/cm		≥37	
	秋季换毛时间		9 月中旬	
	秋季换毛速度		快	
	绒毛品质			优
	毛皮成熟			完全成熟
	体况			上
	健康状况			优
	11 月份体重/g			≥1000
	11 月份体长/cm			37～43

（5）换毛情况

8月底前开始脱换夏毛，10月上旬全身冬毛长齐。实践证明，正常饲养管理条件下，换毛晚的种貂翌年繁殖性能差。

（6）出生日期

仔貂出生日期与其翌年性成熟早晚直接相关。因此，宜优选出生早和换毛早的个体留种。水貂在5月1日以前出生，发育正常者才能留种。

（7）外生殖器官形态

外生殖器官形态异常者（如大小异常、位置异常、方向异常等）不宜留种。

（8）食欲和健康

食欲是健康的主要标志，优选食欲旺盛的健康个体留种，患过病尤其是患过生殖系统疾病的个体不宜留种。

（9）阿留申病检测

10月下旬经阿留申病检测为阳性的种貂全部淘汰。阿留申病严重影响水貂的生长发育和繁殖性能，可水平和垂直传播，目前尚无有效的防治办法，只能通过淘汰阳性种貂来减小其危害。

2. 选种方法

选种是指选择优良的个体留作种用，淘汰不良个体，积累和创造优异性状变异的过程。选种是育种工作中必不可少的环节，包括对质量性状的选择和对数量性状的选择。下面介绍数量性状选择的方法。

（1）对单个数量性状的选择方法

① 个体选择法　即对个体性状的表型直接鉴定，适用于遗传力高的性状选择。因为遗传力高的性状通过表型就能充分反映基因型的性状，并且这种性状受环境影响小，所以可以直接通过表型来选择。这样的性状有水貂的体重、体长、绒毛长度和密度、毛色深度及白斑大小、抗病力等。但对于遗传力低且受环境因素影响较大的性状（如繁殖力）则不适于这种方法。

② 家系选择法　又称同胞鉴定，即对每个家系（全同胞和半同胞群体）表型平均值的选择。适用于遗传力低的性状选择，如繁殖力、泌乳力、成活率等性状。越是遗传力低的性状，需要的全同胞、

半同胞数越多（即大的家系）。一般采用 5 只以上的全同胞和 30 只以上的半同胞测验结果才比较可靠。详细考察种貂个体间的血缘关系，将 3 代祖先范围内有血缘关系的个体归在一个亲属群内。分清亲属个体的主要特征，如绒毛品质、体型、繁殖力等，对这几项指标进行审查和比较，同时也要考虑各家系受环境的影响程度，查出优良个体，并在后代中留种。家系鉴定在水貂窝选时有重要意义。

③ 系谱选择法　即根据后裔的生产性能考察种貂的品质、遗传性能和种用价值，也称后裔鉴定。后裔生产性能的比较方法有后裔与亲代之间、不同后裔之间、后裔与全群平均生产指标比较等 3 种。优选后裔性状优良的亲代继续作种用，即根据祖代和后裔的品质、性能对水貂进行性状的鉴定。必须以亲代的性状为主，对子一代的表型鉴定可以进一步了解亲代的遗传特性。对于质量性状，可以根据亲代和后代的表型，了解它的基因型，从而对优良性状进行有效的选择，同时也可以对有害基因加以淘汰。而对于数量性状，对祖代和后裔的鉴定只能参考。因此，平时应做好公、母貂的登记，作为选种、选配的重要依据。种貂登记卡格式见表 4-5 和表 4-6。

表 4-5　种公貂登记卡

貂号		品种		入场时间		来源	
体重		等级		父亲		祖父	
体长		出生日期				祖母	
毛色		同窝仔数		母亲		外祖父	
绒毛品质		配种能力				外祖母	

年度	受配母貂	配种次数	配种方式		配种日期		受配母貂产仔数			备注
			周期	连续	初配	结束	优	良	中	

表4-6　种母貂登记卡

貂号		品种		入场时间		来源	
体重		等级		父亲		祖父	
体长		出生日期		父亲		祖母	
毛色		同窝仔数		母亲		外祖父	
绒毛品质		母性①		母亲		外祖母	

年度	受配公貂	配种次数	配种方式		配种日期		产仔日期	产仔数			哺乳时的幼仔数	断乳时的幼仔数	断乳日期
			周期	连续	初配	结束		健仔	弱仔	死胎			

① 母性指母貂的母性行为，包括护仔性强、温顺、泌乳能力强等。

④ 合并选择法　合并选择法是一种组合个体表型和家系均值进行的选择。从理论上讲，合并选择因复合了个体和家系的资料，也利用了来源于个体表型值与个体亲属（家系）的两种信息，因而其准确性超过上述3种选择方法。在实际应用中，一般适用于以下几种情况：a. 组成家系的成员数目少，家系表型平均值的可靠性低。b. 组成家系成员数目很多时，则淘汰掉基准以下的个体，选择基准以上的个体。c. 选择两个以上的性状，而且其遗传力显著不同时，对遗传力低的性状，根据家系表型平均值选择家系；对遗传力高的性状，从家系成员中选择优秀个体留种。

（2）对多个数量性状的选择方法

在育种工作中，多数情况下，选择往往要同时兼顾到几个性状，如水貂的窝产仔数、断奶窝成活仔数、取皮时体重、毛皮质量等。同时选择两个或多个性状，可按以下方法进行选择。

① 顺序选择法　在一段时间内，只选择一种性状。当这个性状的改良达到所要求的目标之后，再依次进行第二种、第三种性状的选

择。此法要达到预定综合改良的目的，需花费很长时间，付出很大精力。对一组负相关的性状，往往在一个性状提高了的同时又会导致另一个相关性状的下降。此法适用于选择遗传正相关的性状，而不适用于选择遗传负相关的性状。

② 独立淘汰法（限值淘汰法）　根据育种的具体要求，对要选择的每一个性状都要制定好最低的中选标准。预选水貂必须各个性状都达到该标准时才能留种，凡其中任一性状达不到标准的，不论它在其他性状上如何优良，都一概予以淘汰。此法适合选择遗传负相关的性状，但有时可能淘汰许多性状优良而仅某一性状低于标准的个体。采用这种方法选择时，不能只注重表型而忽略遗传力。

③ 综合指数法　根据育种目标的要求，把要选择的性状按其遗传特点（如遗传力、遗传相关等）和经济重要性采取加权处理后，综合成一个指数，依据指数来选择种貂。此法既可以同时选择几个性状，又可以突出选择重点，而且还能把某些主要性状特别优良的个体选择出来，因而育种效果较好。

3. 选种时间和过程

选种是养殖场的一项常年性工作，生产中每年至少进行 3 次选择，即初选、复选和终选 3 个阶段。

（1）初选

初选在 6～7 月份进行，即在母貂断奶、仔貂分窝时。成年公貂配种结束后，根据配种能力、精液品质、所配母貂产仔数量、健康状况和体况恢复情况进行初选。成年母貂断奶后，按繁殖力、泌乳力、母性、后代成活数等进行初选。当年幼貂在断奶后分窝时，根据同窝仔貂数、生长发育情况、成活情况、双亲品质、出生早晚等，也进行一次初选，一般按窝选留。该阶段，凡是符合选种条件的成年貂全部留种，幼貂应比计划数多留 30%～40%，以备复选和终选时有淘汰余地。

（2）复选

复选在 9～10 月份进行，即在水貂脱夏毛长冬毛时间。9 月中旬，根据水貂的个体脱换毛早晚和速度、生长发育、体型大小、体重、体质、绒毛色泽和质量等情况，对当年貂逐只在初选的基础上进行复选。优选换毛时间早和换毛速度快的个体留种，淘汰换毛时间推迟和换毛速度缓慢的个体。在成年种貂中根据秋季换毛时间、秋季换毛速度、绒毛品质、体况、健康状况、体况恢复情况和后裔鉴定成绩选择种貂。这时应比计划数多留 20％～30％，为终选打好基础。

（3）终选（精选）

终选（精选）一般在 11～12 月份进行，即在毛皮成熟后到取皮前进行。根据被毛品质（包括颜色、光泽、长度、细度、密度、弹性、分布等）、体型大小、体质类型、体况肥瘦、健康状况、繁殖力强弱、系谱和后裔鉴定等综合指标逐只仔细观察鉴别，反复对比观察，最后选优去劣，淘汰复选阶段多留出 20％～30％ 的水貂。这里要特别注意淘汰有遗传缺陷的个体，如针毛只在尖端色浓、被毛有暗影和斑点、腹部绒毛红褐、卷毛、后裆缺毛者等必须淘汰。对选留的种貂，要统一编号，建立系谱，登记入册（登记卡见表 4-5 和表 4-6）。

4. 选种的性别和年龄比例

种貂的年龄和性别组成对生产有一定的影响，如果当年幼貂留得过多，不仅公貂利用率低，而且母貂发情晚、不集中、配种期推迟。如果雌雄比例不恰当，公貂配种任务过大或过小，会造成配种率低、空怀率高或公貂不能充分利用，从而增加养殖成本。

标准貂的公母比例 1：（3.5～4），白貂的公母比例为 1：（2.5～3），其他彩貂的公母比例为 1：（3～3.5）。另外，每 10 只母貂还要多留 1 只公貂，以免配种季节因公貂发生意外而导致母貂失配。国外的公、母貂比例多为 1：（5～6）。我国也应随着繁殖技术的提高和饲养条件的改善，适当减少公貂的留种数量，以利于降低饲养成本和提高貂群质量。

水貂利用年限一般为 3～4 年。2 岁和 3 岁母貂的受配率、产仔率、每胎平均产仔数和平均成活数均优于 1 岁和 4 岁母貂。5 岁以后，母貂的生殖功能减退导致繁殖性能下降。留种的水貂应以 2 岁水貂为主，1 岁、3 岁、4 岁水貂为辅。种貂群保持 2～4 岁的成年貂占 60％～70％，当年新选留的青年种貂不超过 30％ 的比例较为适宜，这样有利于稳定生产。

二、选配

选配是为了获得优良后代而选择和确定种貂个体间交配关系的过

程。选配是选种工作的继续，目的是在后代中巩固和提高双亲的优良品质，获得新的有益性状。选配对繁殖力和后代品质有着重要影响，是育种工作中必不可少的重要环节。

1. 品质选配

（1）同质选配

同质选配就是选择在品质和性能方面具有相同特点的个体交配，以期在后代中巩固和提高双亲所具有的优良特征。它既可以获得与近亲交配相似的效果，又可以避免近亲交配所出现的衰退现象。在同质选配时，原则上是在主要性状尤其是遗传力高的性状上，公貂的表型值要高于母貂的表型值。这样才能使有益的经济性状在后代中得以积累和扩大，而且逐代提高。同质选配常用于纯种繁育与核心群的选育提高。

（2）异质选配

异质选配就是选择在品质和性能方面具有不同优点的个体交配，以期在后代中用一方亲本的优点去改良另一亲本的缺点，或者结合双方的优点创造新的类型。结果类似于杂交。异质选配的原则是：在质量性状上，只能用一方亲本的优点去纠正另一方的缺点，而不能用同一性状相反的缺点去相互纠正。在水貂生产中，常采用群体选配，即把优点相同的母貂归纳为几类，为每类母貂选择适宜的公貂类型，共同组成一个选配群体，在群内根据系谱检查进行交配。

例如，用一只体型小的貂，与其他性状同样优秀、体型大的个体交配，目的是使后代体型有所增大，这属于异质选配；再如，选用绒毛密度好的貂与被毛平齐的貂相配，以期得到绒毛丰厚、被毛平齐的后代，这也属于异质选配。异质选配常用于杂交选育。

2. 体型选配

体型选配应以大型公貂与大或中型母貂交配，不应采用大公貂配小母貂、小公貂配大母貂或小公貂配小母貂等做法。种貂年龄对选配效果有一定的影响，一般2～4岁种貂遗传性能稳定，生产效果也较好。通常以幼公貂配成母貂或成公貂配幼母貂、成公貂配成母貂生产效果较好。大型养貂场在配种前应编制出选配计划，并建立育种核心群。小型水貂养殖场或专业户，每3～4年应更换种貂一次，以更新血缘。

3. 亲缘选配

亲缘选配是考虑交配双方亲缘关系远近的一种选配，如双方有较近（指祖系 3 代内有亲缘关系）的亲缘关系就叫近亲交配，简称近交；反之，叫非亲缘交配，更确切地称为远亲交配，即远交。一般繁殖生产过程应采用远亲交配。在生产实践中为防止因近亲交配而出现繁殖力低、后代生命力弱、体型小、死亡率高等现象，一般不采用近亲交配。但在育种过程中，为了使优良性状固定，去掉有害基因，必要时也常采用近亲交配的方式。

4. 种群选配

种群选配是考虑互配个体所隶属的种群特性和配种关系的一种选配方式，即确定选用相同种属的个体交配，还是选用不同种属的个体交配，以更好地组织后代的遗传基础，塑造出符合人们理想要求的个体或貂群，或充分利用杂交优势。种群选配可分为纯种繁育与杂交繁育。

5. 年龄选配

不同年龄的个体选配，对后代的遗传性能有影响。一般老龄个体间选配和老、幼龄个体间选配更优于幼龄个体间的选配。

6. 色型选配

除同色型选配会有因基因纯合和胚胎致死的色型外，其余色型易同色型选配。同色型选配后裔中不出现毛色分离现象，有利于生产色型一致的批量貂皮产品。

三、育种

1. 纯种繁育

纯种繁育是在种貂主要遗传性状的基因型相同、表型大部分相同的种貂群中，进行同类型自繁并逐年选优去劣、选育提高的过程。当某种优良性状已基本达到育种指标，无须再进行重大改良时，可采用纯种繁育方法，以保持和巩固已经获得的优良性状。严格遵守选种标准，选优去劣，扩大貂群，一般淘汰率为 40%。宜采用同质选配来巩固提高有益遗传性状，采用远亲选配来防止近亲交配所带来的退化和危害。

采用品系或品族繁育。品系繁育是指以一只性状品质和遗传力都是最优秀的公貂作系祖，采取远亲或近亲选配而获得一群优秀后代；品族繁育是以一只优秀母貂为族祖进行扩繁而获得一群优秀后代。品系、品族形成后，不同品系、品族间再进行自群繁殖。这样既可避免近亲交配，还可以起到选育后代性状有所提高的良好作用。

纯种繁育不但适用于标准貂，而且也适用于彩貂。如果有足够数量的种貂，彩貂最好也采用纯种繁育，即用具有相同毛色基因型和相同毛色表型的公母貂自群繁殖。这样所得到的后代为纯合子，与双亲一致，有利于迅速扩大彩色水貂群和提高绒毛质量。特别是具有两对或更多隐性毛色基因的彩貂，如黄玉色、浅咖啡色、蓝宝石色、珍珠色等，纯种繁育能得到与亲本色型一致的后代，而且不易退化。

2. 杂交繁育

杂交繁育主要用于改良品质，培育优良品种，是指采用 2 个或 2 个以上具有不同遗传类型和不同优良性状的种貂群相交，为了获得杂交优势或新类型的繁育过程。养殖场的规模和生产目的不同，采用杂交繁育的方式也不同。

（1）级进杂交

级进杂交适用于小型养殖场和专业户，该方法能有效改良原有貂群的质量。一般引进少量的优良水貂与原有品质低劣的貂群杂交，使繁殖的后代接近或达到引进种貂的水平，从而改良原有的貂群质量。先将引进的优良种貂与本场原有的种貂杂交，杂交一代与引进的种貂回交，第二代杂种又与引进的种貂回交。依次类推，其结果是后代中优良性状种貂的比例越来越高。级进杂交一般进行 3～4 代，然后进行自然繁育。其杂交模式见图 4-1。

（2）三系杂交

三系杂交要有三个纯系，先对两个系杂交，得到杂交一代，选留其中母貂作种貂，用第三个品系的公貂与其杂交，第二次杂交得到的后代都作皮貂使用，不从中选留种貂。由于第二次所用的种母貂是杂种貂，因而将在繁殖方面表现出杂交优势，可以提高胎产仔数，减少空怀，提高仔貂成活率，对水貂生产极为有利。

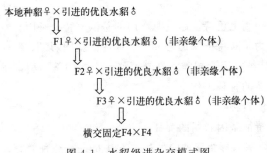

图 4-1　水貂级进杂交模式图

（3）轮回杂交

轮回杂交的具体方法是先用两个纯系进行杂交，然后从所获得的杂交一代中选择优良母貂，与两纯系中之一的公貂交配，这样轮回杂交下去，即称为两系轮回杂交。三个纯系参加的称为三系轮回杂交。

三系杂交和轮回杂交的优点是在提高水貂质量的同时，又避免了近亲繁殖，这种方法适合大、中型养殖场选用。

四、彩貂的育种

1. 彩貂分类

水貂的毛色类型属于质量性状，其基因遗传规律符合孟德尔的分离定律、自由组合定律和摩尔根的连锁与交换定律这三大定律。

彩色水貂是标准貂毛色基因突变及其组合而成，控制水貂毛色的基因有 21 对，代表标准貂毛色基因的符号为：PP、Iplp、GG、AA、BB、BgBg、BiBi、BsBs、BaBa、BmBm、BpBp、CC、HH、oo、ff、ss、cmcm、ebeb、jj、fifi、cscs。目前，水貂毛色基因发生突变的已有 30 多个，组合型已增加到百余种，有些彩貂具有较高的经济价值，如岩红色水貂（aa pp baba bmbm）皮单价是标准貂皮单价的 10～15 倍，玫瑰色水貂（Ff bb bsbs bpbp）皮的单价是标准貂皮单价的 25～40 倍。

根据引起彩貂毛色发生变化的基因型不同，可将彩色水貂划分为隐性突变型，如阿留申貂（aa）、银蓝色貂（pp）、白化貂（cc）、咖啡色貂（bb）等；显性突变型，如黑十字貂（SS、Ss）、银紫色貂（Ff）等；组合型，如蓝宝石色貂（aapp）、银蓝十字貂（ppSs）、帝

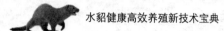

王白貂（bbcc）。

根据对控制毛色特征起主要作用的基因（特征基因）数不同，通常将彩貂分为 1 对特征基因彩貂、2 对特征基因彩貂、3 对特征基因彩貂、4 对特征基因彩貂等。只要了解了亲本的基因型，就可以有计划地进行彩貂的育种工作。

2. 彩貂的育种

（1）对特征基因彩貂的育种

1 对特征基因彩貂育种的最基本方法是进行纯种繁育。但是，由于彩貂的数量往往有限，为避免造成近交退化现象，应有计划地与标准貂进行杂交，然后再通过横交或回交分离提纯，达到保种的目的。

显性突变型彩貂与标准貂杂交，其杂种一代的表型均为基因型杂合的彩貂；隐性突变型彩貂与标准貂杂交，其后代均为基因型杂合的暗褐色貂（标准貂）。下面以阿留申貂（aa）、黑十字貂（SS）为例，将 1 对特征基因彩貂的育种方法介绍如下：

① 阿留申貂

aa（阿留申貂）×AA［暗褐色（标准貂）］

⇓

Aa（暗褐色）×Aa（暗褐色）　　横交

⇓

1AA（暗褐色）＋2Aa（暗褐色）＋1aa（阿留申貂）（占 1/4）

aa（阿留申貂）×AA［暗褐色（标准貂）］

⇓

Aa（暗褐色）×aa（阿留申貂）　　回交

⇓

1Aa（暗褐色）＋1aa（阿留申貂）（占 1/2）

② 黑十字貂

SS（黑十字）×ss［暗褐色（标准貂）］

⇓

Ss（黑十字）×Ss（黑十字）　　横交

⇓

1ss(暗褐色)+2Ss(黑十字)+1SS(黑十字)(占 3/4)

SS(黑十字)×ss[暗褐色(标准貂)]

⇩

Ss(黑十字)×SS(黑十字)　　回交

⇩

1SS(黑十字)+1Ss(黑十字)(占 100％)

(2) 2 对特征基因彩貂的育种

2 对特征基因彩貂的育种，包含已有彩貂的保种（略）和利用现有一对相关特征基因彩貂进行杂交组合两种方式。以蓝宝石貂（aapp）为例，它有 1 对阿留申貂基因（aa）和 1 对银蓝色貂基因（pp），因此将这两种彩貂进行杂交，就可以育成蓝宝石貂。

aaPP(阿留申貂)×AApp(银蓝色貂)

⇩

AaPp(暗褐色)×AaPp(暗褐色)　　横交

⇩

9A_P_ ＋ 3A_pp ＋ 3aaP_ ＋ 1aapp
(暗褐色)(银蓝色貂)(阿留申貂)(蓝宝石貂)(占 1/16)

(3) 多对特征基因彩貂的育种

培育具有多对特征基因的彩貂，要将具有 1 对、2 对乃至 3 对特征基因的彩貂进行杂交，将不同的相关特征基因组合在一个个体上。培育的彩貂拥有的特征基因越多，培育的方案就越多，需要根据具体情况进行选择。以冬蓝貂（aappbb）为例，冬蓝貂具有阿留申貂基因（aa）、银蓝色貂基因（pp）和咖啡貂基因（bb），要想培育冬蓝貂有以下三种方案：

① 方案一：

第一年 aaPP(阿留申貂)×AApp(银蓝色貂)

⇩

第二年　　　　　AaPp(暗褐色)×AaPp(暗褐色)　　横交

⇩

9A_P_ ＋ 3A_pp ＋ 3aaP_ ＋ 1aapp
(暗褐色)(银蓝色貂)(阿留申貂)(蓝宝石貂)(占 1/16)

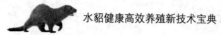

第三年 aappBB(蓝宝石貂)×AAPPbb(咖啡貂)

⇩

第四年　　　　　AaPpBb(暗褐色)×AaPpBb(暗褐色)

⇩

27A_P_B_(暗褐色)＋9 A_P_bb(咖啡貂)＋9 A_ppB_(银蓝色貂)＋9aaP_B_(阿留申貂)＋3A_ppbb(银蓝亚麻貂)＋3aaP_bb(依力克貂)＋3aappB_(蓝宝石貂)＋1aappbb(冬蓝貂)(占 1/64)

② 方案二（采用拥有 1 对与 2 对特征基因的彩貂杂交）：

第一年 aappBB(蓝宝石貂)×AAPPbb(咖啡貂)

⇩

第二年　　　　　AaPpBb(暗褐色)× AaPpBb(暗褐色)　　　横交

⇩

27A_P_B_(暗褐色)＋9 A_P_bb(咖啡貂)＋9 A_ppB_(银蓝色貂)＋9aaP_B_(阿留申貂)＋3A_ppbb(银蓝亚麻貂)＋3aaP_bb(依力克貂)＋3aappB_(蓝宝石貂)＋1aappbb(冬蓝貂)(占 1/64)

③ 方案三（采用拥有 2 对特征基因的彩貂杂交）：

第一年 aappBB(蓝宝石貂)×AAppbb(银蓝亚麻貂)

⇩

第二年　　　　　AappBb(暗褐色)× AappBb(暗褐色)　　　横交

⇩

9 A_ppB_(银蓝色貂)＋3A_ppbb_(银蓝亚麻貂)＋3aappB_(蓝宝石貂)＋1aappbb(冬蓝貂)(占 1/16)

　　对冬蓝貂培育的 3 个方案所需的时间不同，采用第一个方案需要 4年，最后培育出的冬蓝貂只有 1/64；采用第二个方案，需要 2 年，最后培育出的冬蓝貂也只有 1/64；采用第三个方案，需要 2 年，最后培育出的冬蓝貂有 1/16。因此，如果条件具备，最好选用第三个方案。

第三节　水貂繁殖新技术

一、水貂的生殖系统

　　水貂的生殖器官主要包括雄（公）貂的生殖腺（睾丸）、生殖管

（附睾管、输精管和尿生殖道）、副性腺、交配器官（阴茎和包皮）和阴囊等；雌（母）貂的卵巢、输卵管、子宫（子宫角、子宫体、子宫颈）、阴道、外阴等。

1. 公貂的生殖器官

（1）睾丸

睾丸呈长椭圆形，左右各一个，位于两股之间的阴囊中，由曲细精管和间质细胞构成，表面被一层膜包着。睾丸的生理作用是产生精子和分泌雄激素。睾丸重量、体积和功能有明显的季节性变化。配种季节约重 2.5g，长 20mm 左右，宽 10mm。

（2）附睾

附睾发达，位于睾丸的上端外缘，分附睾头、附睾体、附睾尾 3 个部分。附睾头向前下方与曲细精管相连，附睾尾以睾丸固有韧带与睾丸尾部输精管相连。附睾是贮存精子、使精子继续发育成熟的部位。

（3）输精管

输精管是附睾管逐渐弯曲变小延续而形成的。输精管在精索的输精管褶内上行，进入腹股沟管，然后入腹腔，于腹股沟管内口处离开精索，弯向膀胱颈背侧，进入骨盆腔，开口于尿生殖道骨盆部的黏膜面。输精管末端在膀胱颈部膨大，称输精管壶腹部。输精管是输送精子的管道，其壶腹部能临时贮存精子，并分泌液体，构成精液的一部分。

（4）前列腺

前列腺位于尿生殖道骨盆部，围绕输精管的末端，可分泌黏液，与输精管壶腹部分泌的黏液一起构成精液。精子在精液中不仅得到稀释和获能，还可以润滑尿道，中和尿道中的酸性反应，以便保护精子、输出精液。

（5）阴茎

阴茎分为海绵体和阴茎骨两部分。海绵体基部分两支附着于坐骨弓前部，在耻骨弓后面两支相合构成海绵体部，每支被坐骨海绵肌包着，前端包着阴茎骨的基部。海绵体在交配时充血膨胀而勃起。阴茎骨长 45～55mm，基部略粗，前端有向背侧弯曲的钩，称为阴茎骨

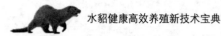

钩。阴茎骨腹侧有一凹沟，尿道位于其中，开口于阴茎的正前方。阴茎是交媾器官，能把精液输送到母貂的阴道内，并能排尿。

2. 母貂的生殖器官

（1）卵巢

卵巢位于腰的下部，似豆形，两侧位置近似，完全被包于卵巢囊内。其形状、大小、重量及功能有明显的季节性变化。卵巢的生理作用是产生卵子，并分泌雌激素和孕酮。

（2）输卵管

输卵管为一对细长而弯曲的小管。其前端膨大呈伞状，也称漏斗，被包于卵巢囊中；后端与子宫角末端连接。输卵管是卵子排出后移行至子宫的通道，同时也是精子和卵子结合受精的部位。

（3）子宫

子宫属双角子宫，由子宫角、子宫体和子宫颈3个部分组成，位于骨盆腔内，直肠腹侧，膀胱背侧。

子宫角与子宫体呈"丫"状，子宫角前端与输卵管相接，两子宫角在膀胱上方，与对侧子宫角相遇，两子宫角的末端有一小段彼此粘连。子宫体较短，为两子宫角会合后延长部分，位于膀胱上方。子宫颈的长度与子宫体相似，后部与耻骨前缘相对。子宫颈管细而壁厚，肌肉层发达，有许多褶皱，后端与阴道相连。子宫是胎儿发育的场所。分娩后至冬至，子宫呈生理性贫血，体积小，子宫壁薄。从冬至到春分，子宫在雌激素的作用下，体积逐渐增大，血管扩张充血，内膜增厚并分泌黏液，为胚胎着床做准备。

（4）阴道

阴道前端伸向腹腔，环绕子宫颈，后端伸展到坐骨弓处。阴道外口有阴唇。阴道长30～40mm，动情期黏膜增厚、充血，表层的角质化上皮细胞大量脱落，在阴道的背侧壁距子宫颈口2～3mm处，有一肥厚的袋状黏膜褶皱，与子宫颈口相对。

（5）外阴

外阴由阴道前庭和阴门组成。雌貂在发情时，外阴呈现不同程度的肿胀，因而可根据外生殖器官的变化来鉴定母貂的发情状况。

二、水貂的性行为

毛皮动物在长期的进化过程中，逐渐发展了一系列生理学和神经学的机制，这种机制保证在个体生命到达成熟时出现一种独特的、具有繁衍种族的生物学行为，即性行为。性行为是动物的一种普遍行为，每个动物都是性行为的产物，每种动物都有自己固有的性行为。

1. 交配前的性反应（求偶）

公貂在交配前表现为食欲不振，兴奋不安，常在笼内来回跳动，眼睛左顾右盼，一有动静就跳到笼网上，而在见到母貂的时候即表现出有接近欲望。经常发出"咕咕"的叫声，性情比平时温顺，睾丸明显增大、下垂、触摸有弹性。

母貂发情一般是具有周期性的，配种期有 2～4 个发情周期。发情期母貂表现为食欲不振，活动频繁，不安，发出"咕咕"的叫声，在笼内来回走动，捕捉时也很温顺，频繁排尿和出入小室，有时在笼底爬行，磨蹭阴部。发情初期尿液呈深绿色且带荧光，以后逐渐变淡，交配时以尿液呈淡绿色为宜。一遇见公貂则表现比较兴奋和温顺，并发出"咕咕"的叫声。

2. 交配行为

公貂的交配一般都带有强制性，先用嘴咬住母貂颈背部，两前肢紧紧抱着母貂的腰两侧，待母貂驯服后才开始抖动插入动作。当公貂阴茎接触到母貂的阴道口时，抖动出现短促停顿，紧接着公貂尾根猛然下压，阴茎插入阴道，母貂发出短促的叫声，公貂腰部弓成直角，尾根紧贴貂笼底网。由于阴茎骨钩钩住母貂阴道的袋状黏膜褶皱，母貂在躺卧或移动时，公貂也随同移动，说明已达成交配。公貂射精时两眼迷离，臀部用力向前推进，尾根扇动，后肢强直并颤抖，身躯紧抱母貂。母貂发出低吟叫声。交配即将结束时，母貂表现不安，厉声尖叫，竭力挣脱，而公貂发出急促呼唤声，力图控制母貂继续交配。交配结束后，公貂表现口渴，母貂外阴红肿、湿润。

阴茎骨钩钩住阴道袋状黏膜褶皱，对于保证达成交配起着重要作用。因为，一旦钩住，只要没有射精，阴茎处于勃起状态，就不易脱钩，即使母貂挣扎，也会由牵拉袋状黏膜褶皱产生疼痛感而停止挣扎。另外，阴茎骨钩钩住袋状黏膜褶皱时，公貂的尿生殖道外口正对着由于性兴奋而开放的子宫颈口，这样公貂在射精时就可直接射入子宫颈内。交配结束后，袋状黏膜褶皱正好包围着子宫颈口，可以防止精液外溢，免除阴道内对精子的不良影响。

交配时间短者 2～5min；长者达数小时，一般为 30～50min。

3. 交配能力

公貂的交配能力较强，一日内可交配 2～4 次，两次交配的间隔时间为 30～60min。公貂在整个配种期，一般可交配 10～15 次，多者可达 20 余次。交配的频率也受气候、时间等因素的影响。当阴天、下雪和气温骤降时，公貂性欲增强，交配频率也高。养殖生产中，为了保持公貂的交配能力，防止精液品质下降，对公貂应有计划地合理使用。

4. 性的和谐与抑制

公、母貂之间均有择偶性。同一公、母貂对不同配偶，会表现出截然不同的性行为及交配效果，和谐的配偶交配顺利，很少有强制性交配；而不和谐的配偶间不发生兴趣，互不理睬或产生敌对行为，一般难以达成交配，但更换合适配偶后，可马上达成交配。同一配偶间往往在复配时择偶性更强，尤其是公貂。

性抑制是指由外因所造成的性反应缺乏，通常都是由不适宜的配种技术或粗暴的管理所造成的。如公貂长时间得不到顺利交配的机会，导致性欲下降，母貂受到咬伤或惊恐刺激会造成强烈的拒配等。为避免性抑制的发生，应使交配尽量得以顺利和成功。每日安排放对时，优先选放交配把握性高的母貂和交配急切、性欲强烈的公貂。对没有配种经验的小公貂要用进入发情期且性情温顺的经产母貂进行训练，对发生性抑制的种貂，不要粗暴地恐吓或拍打。因咬伤而造成性抑制者，应停止放对，及时治疗，然后再行配种。

三、水貂的生殖生理特点

1. 公貂生殖器官的季节性变化

水貂是季节性繁殖的动物，繁殖行为直接受到光照时间变化的影响。

幼龄公貂在 7 月龄内、成年公貂在 6～11 月龄，睾丸的重量及其功能变化较小，处于萎缩和退化状态，睾丸重量维持在 0.3～0.5g。秋分后随着光照时数的缩短，公貂睾丸开始发育，初期发育缓慢。一般从 11 月份下旬开始，睾丸下降到阴囊内，其重量和体积开始日益加重和增大。随着冬毛的成熟，睾丸加速发育，功能也逐渐恢复和增强。3 月上、中旬性欲旺盛，睾丸重量可达 2.5g，是维持期重量的 5～7 倍，体积为维持期的 4～5 倍。春分后随着光照时数的增加，配种季节结束，睾丸开始萎缩，重量减轻，体积缩小，配种能力明显下降。

2. 母貂生殖器官的季节性变化

母貂的生殖器官具有明显的季节性变化。在夏季（6～8 月份）（非配种季节）处于静止状态，卵巢、子宫和阴道都处于萎缩状态，卵巢平均重约 0.3g、长约 4.17mm、宽约 2.57mm。输卵管、子宫的重量很小。秋分之后，随着光照时数的缩短，受到神经、体液调节，母貂的生殖器官开始出现一系列变化。冬至以后，光照时数又由最短开始逐渐增加，进一步促进生殖器官快速发育。9 月下旬至 10 月中旬卵巢的体积逐渐增大，卵泡开始发育，黄体开始退化，到 12 月份黄体消失，卵泡迅速增长，至翌年 2～3 月份发情排卵。子宫和阴道也随卵巢的发育而变化，此期体积、重量亦明显增大。10 月份时卵巢上的卵泡很小，仅为 0.5～0.7mm，表面显得较为平整，卵巢的重量一般为 0.3g 左右。从原始卵泡到排卵前，在卵泡的发育阶段里，卵的生长前期较快，后期减慢乃至完全停止；相反，卵泡在前期生长缓慢，后期加快。当卵泡直径达 0.5mm 时，卵似乎完成了它的生长，直径近于 0.1mm。从 12 月中下旬起，原始卵泡的数量及其中卵细胞的体积明显增加，色泽亦开始逐步变红，卵泡的最大直径可达 1.0～1.2mm（动情期）。一般认为，当卵泡直径达 1.0mm 时，母貂就开始出现发情和求偶征兆，此时母貂卵巢重量可达到 0.65g、长 4.31mm、宽 2.77mm。卵巢体积的增长主要是由于卵泡的生长。7～12 月份，成年母貂和育成母貂输卵管的重量很小。2 月下旬，输卵管重量达到最大，妊娠之后又逐渐减小。7 月至 11 月下旬，母貂子宫重量最小，从 11 月末起子宫逐渐增大，妊娠期子宫进一步增大。母貂的阴门在1月份出现轻微肿胀；2月下旬变化明显；3月上、中旬，90%以上的母貂出现发情表现，阴门肿胀或裂开，以后逐渐缩小。

3. 多周期发情

母貂在整个配种季节可出现2～4个发情周期。每个发情周期通常为6～9d（表4-7），是由一个动情期和紧随着的一个间情期所组成，其中动情期持续1～3d，此期母貂容易接受交配和受精；间情期一般为5～6d，此期母貂不接受交配且不能完成受精。这主要根据母貂在交配排卵后有6～9d的不应期，此后复配才能再次排卵。在排卵不应期里，即使达成交配也不能诱发排卵。因此，在生产实践中，基本上实行同期复配或异期复配。

表 4-7　母貂发情周期

发情期	第1性周期		第2性周期		第3性周期	
	动情期	间情期	动情期	间情期	动情期	间情期
天数/d	1～3	5～6	1～3	5～6	1～3	5～6

4. 刺激性排卵和排卵不应期

水貂具有刺激性（或诱导性）排卵和多次排卵的现象。其排卵需要通过交配或类似刺激才能发生，如一些母貂被公貂追逐爬跨，甚至人的抓握就能引起排卵。此外，一定时间（6min以上）的交配还可促进射入子宫的精子向输卵管中运行。交配动作通过神经反射，把神经冲动传导到下丘脑，由其分泌促性腺激素释放因子，经脑垂体门静脉到达腺垂体，使之分泌促性腺激素，促使卵泡迅速发育，并在交配后36～42h使卵泡破裂排卵。

交配后至排卵前，卵泡体积进一步增大，达到非配种季节的1.5倍。排卵后又恢复到动情期的水平。在一个动情期里，交配诱发排卵后，有6～9d不应期。在此期里，卵泡发生封锁现象，即不形成有分泌孕酮功能的妊娠黄体而处于静止状态。此时，无论是交配刺激或是注射孕马血清，还是注射绒毛膜促性腺激素，都不能引起再次排卵。在这段时间卵巢内又有一批接近成熟的卵泡继续发育成熟，并分泌雌激素，进入下一个动情期。无论前次发情周期排的卵是否受精，都可通过交配再次排卵。

母貂在一个发情周期里，卵巢上有较多的卵泡发育，但能成熟排卵的有 8 个左右。其他卵泡在发育的不同阶段萎缩退化。每次卵巢排卵的总数是相对稳定的，实验证明，即使切除一侧卵巢后也仍然排那么多的卵子。这被推测是由于从腺垂体释放的 FSH 只能维持血中雌激素达一定水平。此时，FSH 的释放被雌激素的反馈作用所抑制而停止分泌。所以，只有有限的卵泡能得到充分发育。

5. 异期受孕

母貂在每个发情周期都可进行交配，且都可受孕。异期复配的母貂，如果第二次排卵受精，前次的受精卵多数不能附植。因此，水貂的预产期是由最后配种日期算起。

6. 胚泡延迟附植

水貂在交配后 60h，排卵 12h 完成受精过程。受精卵一面慢慢向子宫角移动，一面进行着自身的细胞分裂过程。受精卵先经过 5～6 次的均等分裂成为桑葚胚，然后继续分裂成囊胚，到交配后的第 8d 发育成胚泡。胚泡进入子宫角后，由于子宫黏膜还不完全具备附植的条件，胚泡不能立即附植正常发育，而是进入一个发育异常缓慢、相对静止的游离状态，这段时间称为胚胎滞育期（或潜伏期），通常持续 1～46d，这种现象称为胚泡延迟附植。

水貂妊娠期之所以差异很大，主要是受长短不定的滞育期影响。滞育期的长短，主要受母貂血浆中孕酮含量的直接影响，孕酮水平低是导致胚泡滞育的主要因素，因此水貂胚胎滞育期的时间长短取决于黄体的发育情况。黄体的发育又与光周期变化规律密切相关。水貂配种后以春分为"信号"，随着光照时数的逐渐增加，其体内褪黑素每日持续时间逐渐缩短，导致催乳素分泌增加，从而使黄体被"激活"，启动黄体的孕酮分泌，使子宫内膜进一步发育，为胚泡着床做好准备，终止水貂的胚胎滞育。通常情况下孕貂血浆中孕酮的浓度在 3 月 25～30 日开始升高，7～10d 后胚泡开始着床（4 月 1～10 日）。因此，在配种季节里，水貂无论何时交配，其胚泡附植总是发生在 4 月初，而交配后人为有规律地增加光照时数，可缩短滞育期。由于滞育期胚泡处于游离状态，只能从子宫腺体所分泌的子宫乳中获得营养，所以死亡率很高。在水貂滞育期，胚泡可以自由地从子宫角

一侧转移到另一侧，最终导致两个子宫角中有基本上同等数量着床的胚泡。

四、水貂的发情鉴定

在水貂的繁殖季节内，只有准确鉴定母貂的发情并及时放对，才能保证母貂具有较高的繁殖率。发情鉴定是一个非常重要的技术环节。虽然水貂有 2～4 个发情周期，且每个周期都可以放对配种，但由于饲养量大、配种任务重、发情期短暂（水貂卵子的受精部位在输卵管的上段。排卵后 12h 左右，卵细胞就失去受精力。卵子排出后到达受精部位的时间不超过 12h，而精子在母貂生殖道内有授精能力的时间一般为 48h，所以，配种时机是提高水貂产仔率的关键环节），准确掌握母貂发情状况，有利于合理安排并执行貂群的配种计划，提高配种效率和水貂繁殖率。一般采用行为鉴定法，包括行为表现、外生殖器官变化、放对试情，有条件的情况下还可采用阴道上皮细胞检查法来鉴定水貂发情排卵的准确时间。

1. 水貂的发情周期

水貂是季节性多次发情动物。公貂在整个配种季节始终处于性活动旺盛状态。母貂在繁殖季节内出现 2～4 个发情周期。每个发情周期为 6～9d，发情持续时间 1～3d，间情期（排卵不应期）5～6d。在一个发情周期里，根据母貂发情表现，可以分为下列四个时期（表 4-8）。

表 4-8　外生殖器官发情鉴定

发情时期	生理变化		形态表现				备注
	卵泡	雌激素	阴毛	阴门	分泌物	色泽	
发情前期	发育	开始分泌，逐渐增多	逐渐分开	逐渐肿胀	湿润	淡粉红色	拒配或交配但不排卵
发情期	发育成熟，排卵	分泌旺盛	完全分开	高度肿胀、外翻	湿润、有黏液	多数呈乳白色或粉白色	易交配并排卵

续表

发情时期	生理变化		形态表现				备注
	卵泡	雌激素	阴毛	阴门	分泌物	色泽	
发情后期	排出或大部分老化死亡	减少或消失	逐渐合拢	肿胀逐渐消失	由湿润变干燥	黄白色	难配但有时可受配
休情期	不发育	不分泌	毛笔束状	外观不显			

第1期（发情前期）：阴毛略分开，可见到阴唇轻微充血肿胀、湿润、微微张开，呈淡粉红色，黏膜干而发亮。体内雌激素开始分泌，逐渐增多，卵泡正在发育。此时母貂表现为拒配或交配但不排卵。

第2期（发情期）：阴毛完全分开向四周外翻，成空心的圆柱状，外阴部高度肿胀，阴唇突出明显分为四瓣，内凹，呈乳白色或粉白色，有较多的黏液流出。体内雌激素分泌旺盛，卵泡发育成熟可以排卵。此时母貂表现为容易接受交配并排卵。

第3期（发情后期）：外阴部肿胀逐渐消失，阴毛逐渐合拢，阴唇由湿润变干燥，呈黄白色。体内雌激素分泌减少或消失，卵泡排出或大部分老化死亡。此时母貂表现为难配但有时可受配。应注意的是，由于水貂在一个配种季节具有2~4个发情周期，有很多母貂未等恢复原状又进入了第二个发情周期。

第4期（休情期），外阴部肿胀消失，阴唇萎缩、干燥，阴毛回收呈毛笔束状。体内雌激素不分泌，卵泡不发育，无性欲表现。

2. 水貂的发情鉴定

（1）行为表现

发情母貂食欲下降，活动加强，呈现兴奋状态，活动频繁，不安，出入小室频繁，有的徘徊于貂笼内，有的攀立于貂笼的铁丝网上观望四周，有的经常躺卧在笼底蹭痒，时而嗅舔生殖器，排尿频繁，尿色深绿，有的在公貂求偶叫声的刺激下发出"咕咕"的求偶叫声。对那些因被咬伤或高度惊恐而难配的母貂以及隐性发情的母貂，宜采用此法。

（2）外生殖器官变化

即根据上述的母貂外生殖器官发情表现来判断。母貂在发情第一、三期较难达成交配；第二期正是发情持续期，容易达成交配并受孕。由于个体间雌激素等分泌程度不同，外生殖器官的差异也有很大区别。为准确起见，外生殖器官的发情检查应隔2～3d检查1次。变化显著的严格一些；变化小的可适当放宽；无变化的，应考虑是否为隐性发情。具体操作时需注意以下几点：

一是抓貂的姿势应正确。一只手抓颈，使其后腹部向上，头向下；另一只手抓住臀部和尾巴，使尾自然下垂，两后腿自然分开，然后仔细观察。切忌用手把尾巴拉直，把两后腿强行拉开，使观察结果不准。

二是不同色型母貂发情时外阴肿胀程度有差别。很多黑眼白貂（海特龙）和少量黑眼白貂与标准貂的杂种母貂，只有在外阴肿胀得特别明显，好像是从皮肤上突起一粒豌豆时，才处于发情旺期，愿接受交配。也有的母貂，在发情时外阴部没有明显变化，称为"隐性发情"，以红眼白貂（帝王白）比较常见。

三是排除各种因素的干扰。肥胖的母貂发情时，外阴部表现一般总不如瘦貂明显；母貂挣扎时会暂时性地把阴唇外翻得很大；刚刚排完尿时尿毛可能会粘在一起，造成发情表现差于实际状况的假象。初养者还可能错误地将尿液看作是发情期间分泌的黏液，把萎缩期看作是发情的第二～第三期。

四是准确把握好鉴定时间。第一次发情鉴定，应在2月下旬开始进行。每只母貂都要进行鉴定，鉴定后在小室上和记录本上记录检查日期和结果。以后每隔2～3d进行1次。变化显著的，更要注意每天检查；变化缓慢的，可间隔几天后再检查。外观有发情的行为表现，但外阴一直没有变化的母貂，可能是隐性发情，应进行试情。

（3）阴道上皮细胞检查法

水貂阴道上皮细胞在发情期有一定的规律性，可作为检查隐性发情或外观鉴定不准时的辅助方法。具体方法是，用钝头细玻璃棒插入貂阴道内 1～2cm，轻轻蘸取阴道分泌物，涂布于洁净的载玻片上；用瑞氏（wright）染色法染色（待载玻片干后滴瑞氏染液一滴于载玻片上，待 1～2min 后再加滴蒸馏水 1～2 滴，3～5min 后见阴道分泌物的载玻片表面呈现粉红色为止），用普通显微镜放大 400 倍观察。根据阴道内容物细胞的形态变化，可分为 4 个时期（图 4-2）。

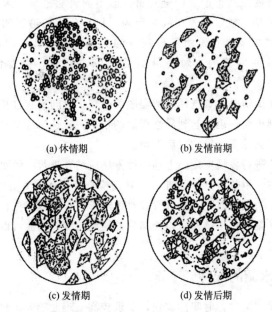

(a) 休情期　　　　　　　　　(b) 发情前期

(c) 发情期　　　　　　　　　(d) 发情后期

图 4-2　母貂阴道分泌物细胞图像模式图

图 4-2 中各时期细胞图像：

① 休情期　视野中可见大量小而透明的白细胞，偶尔可以见到个别脱落的上皮细胞和角质化细胞。

② 发情前期　视野中的白细胞减少，多角形有核角质化细胞有所增加，但仍很少，并呈分散状态。

③ 发情期　视野中无白细胞，多角形有核角质化细胞数量骤增，并有特征性的聚集。

④ 发情后期　视野中可见角质化细胞崩解成碎片，出现分散大

而透明的有核鳞状上皮细胞。同时白细胞出现并簇集在有核鳞状上皮细胞附近。

（4）放对试情

当母貂阴门有明显发情变化时，将其放入公貂笼中，观察和判断母貂的发情程度，称为放对试情。发情的母貂，被公貂追逐时无敌对行为，且与之嬉戏；当公貂爬跨时，尾巴翘向一边，温顺地接受交配；有的虽然害怕或躲避公貂，但不向公貂进攻。未发情或发情不足的母貂，放对时表现敌对行为，抗拒公貂的追逐和爬跨，向公貂头部进攻或躲立笼角发出刺耳的尖叫声。见此情况应立即抓出母貂，放回原笼内，勿使母貂受到惊恐刺激，待发情好时再试配。

在放对试情时，要选择性情温顺的公貂，时间不宜过长，即使母貂发情不到火候，也能起到异性刺激的作用。若选择性情暴躁的公貂会使母貂受到惊吓，影响以后发情。

为准确进行发情鉴定，上述 4 种方法应结合进行，但要以检查外阴变化为主，以放对试情为准。只有在检查外生殖器官有明显变化，或其他发情表现时，方能进行放对试情，这样可以避免盲目性。而放对试情又是对外生殖器官检查结果的实际检验，因此可以使发情鉴定更为准确。

五、水貂的配种

母貂发情配种，时间性较强，要求较高，难度较大，耽误了时机就会出现空怀。要抓住时机，严格掌握母貂发情期，及时做好水貂配种，提高水貂受胎率。

1. 各地配种日期

水貂配种时间主要受日照周期变化所制约，有地域间的差异。在水貂所有适应的地理纬度内，低纬度地区配种开始稍早些，高纬度地区则稍晚些。同一地区，由于受类型、年龄、营养、体况等诸多因素影响，场际间、群体间及个体间也有差异。如标准貂比彩貂早些，老龄貂比幼貂早些，体况适中的比过肥、过瘦的早些。据有关资料报道，水貂开始配种时间，美国为 3 月 5～8 日；北欧国家为 3 月 6～10

日；日本为3月5～12日。

2. 水貂最佳配种期

（1）最佳配种期

水貂无论何时配种，受精卵都要等到春分日照达12h时方才植入子宫壁发育。早配只能增加交配次数和公貂的体力消耗，延长受精卵的滞育期，增加胚胎被吸收和流产的机会，导致水貂产仔数减少，空怀率增加。结束过晚，虽然妊娠期不会延长，但到后期由于公貂配种能力有所下降，同时复配结束的时间也推到了水貂发情期之后，使母貂的空怀率提高，同样影响繁殖效果。实践证明，在水貂发情期来临前的7～10d开始配种比较适宜。我国地域广大，各地发情期和开始配种时间不尽一致，有从南到北逐渐推迟的现象（表4-9）。

表4-9　水貂配种期（月、日）

地点	初配阶段	初、复配并进阶段	补配阶段	备注
横道河子	3.7～3.13	3.14～3.20	3.20～3.23	黑龙江省
左家	3.3～3.10	3.11～3.18	3.19～3.22	吉林省
金州	3.1～3.7	3.8～3.16	3.17～3.20	辽宁省
烟台	2.28～3.5	3.6～3.15	3.16～3.18	山东省
连云港	2.25～3.2	3.3～3.12	3.13～3.18	江苏省

（2）配种阶段的划分

配种期经历20多天，为了掌握和控制配种结束的适宜时期，合理使用种公貂，提高养貂场总体配种效果，目前我国各地普遍采用"分阶段异期复配"的配种体制。生产上为了便于管理，将水貂配种期分成3个阶段，即初配阶段、初配复配并进阶段和补配阶段，规定初配阶段不进行复配，初、复配并进阶段尽可能完成复配，补配阶段查空补配。

① 初配阶段　从开始配种到发情期来临前这段时间，称为初配阶段。东北地区从3月5日左右开始，往南可适当提前，历时7～

10d。这个阶段的任务是已发情的母貂全部达成 1 次交配，要求初配母貂数能达到全群母貂的 80% 左右。对部分不发情或错过发情期的母貂，不要急于求成，强迫配种，可放在复配阶段去完成。此期的另一个任务是训练青年公貂。

② 初、复配并进阶段　初、复配并进阶段也称配种旺期。我国东北地区为 3 月 12～19 日，历时 7～10d。此阶段的任务是将初配过的母貂复配 1～2 次，以结束配种。对未初配过的母貂应连续配种两次。异期复配的母貂，初配与复配的时间间隔一般要求 7～9d，不可少于 6d。否则，由于母貂交配后出现排卵不应期（3～6d），导致空怀率高。初配与复配要求使用同一公貂，但对初配公貂精液质量差的，母貂在复配时可更换公貂，称为双交。采用双交方式配种产出的仔貂一律作皮貂使用，因其系谱不清，禁止留作种貂使用。

③ 补配阶段　东北地区 3 月 20 日以后为补配阶段。此阶段的任务是对配种没有把握的母貂，如配种结束早的（3 月 10 日以前）或只配过 1 次的母貂、与配公貂精液品质差的母貂、逃跑过的母貂以及失配的母貂再进行 1 次补配，以提高怀胎率。重点解决尚未初配的母貂。3 月 20 日以后初配的母貂，一律采取复配 2 次的方案。如果有的公貂完不成所担负的配种任务，可采用异公双重配种的办法，但后代不能作种貂留用。

研究表明，母貂卵泡发育成熟的数量在配种季节中期（光照时间为 11.5～12h）比初期和末期多。生产实践证明，在配种旺期时结束配种的母貂空怀率低，胎产仔数多（表 4-10）。

表 4-10　不同结束配种日期对繁殖力的影响

结束配种日期	母貂数/只	产仔数/只	空怀率/%	平均胎产仔数/只
3 月 10 日以前	336	1390	16.36	4.95
3 月 11～18 日	1163	5979	8.68	5.63
3 月 19 日以后	109	494	14.68	5.31

3. 配种方法

母貂在一个发情周期里第一次达成的交配叫作初配，第二次及以后达成的交配称为复配。由于水貂于春季多周期发情，加之具有某种强制性交配的特点，为了确保母貂受孕，不宜采用一次性配种的方式，而应在初配后再复配 1～2 次。目前，生产上采用的配种方式概括起来有两种，即周（异）期复配和连续复配。

（1）周（异）期复配

母貂在配种季节首次配种后（配 1 次），隔 7～9d 又交配 1～2 次完成配种的，称为周（异）期复配（简记为 1+7～9，1+7～9+1 或 1+7～9+2）。一般在配种初期采用。个别母貂（占 3%～5%）初配后不再接受复配，因而自然形成 1 次交配。初配以后，间隔 7～10d，在下一次发情期复配 1～2 次。

（2）连续复配

在一个发情周期内连续 2d 进行放对交配（简记为 1+1）或隔 1d 进行交配（简记为 1+2），叫作连续复配或隔日连续复配。这两种配种方式应根据配种阶段的具体任务，灵活运用，结合进行。初配阶段（3 月上旬）主要任务是培训公貂早期参加交配。因此，此期发情的母貂初配后不必急于复配，应采取周期复配的方式，即 2 个周期 3 次交配。

初、复配并进阶段（3 月中旬）的任务是使大多数母貂在发情期结束配种，因此此期发情的母貂宜采用连续或隔日连续复配的方式。复配有助于提高繁殖力（表 4-11）。

表 4-11　不同交配方式对繁殖力的影响

繁殖效果	一次交配	二次交配		三次交配	
		1+1	1+7	1+7+1	1+1+(7～10)
母貂数/只	3360	2731	2563	1530	284
胎平均产仔/只	4.64	4.94	5.91	5.98	4.60
空怀率/%	32.20	18.71	15.50	10.50	14.80
群平均产仔数/只	3.14	4.00	4.24	4.55	3.92

注："1+1" 代表连续 2d 交配；"1+7" 代表第 1d 和第 8d 即间隔 7d 再交配一次；"1+7+1" 代表第 1d 交配后，第 1d 和第 8d 即间隔 7d 交配一次，之后第 9d 再交配一次；"1+1+(7～10)" 代表连续 2d 交配后，间隔 7～10d 再交配一次。

另外，母貂交配后会出现排卵不应期，所以复配应在初配后的2d内或7～8d进行，不应在初配后的3～6d内复配。如果采取无规律的交配方式，容易使母貂空怀（表4-12）。

表4-12 不同交配间隔天数与繁殖力的关系

繁殖效果	一次交配	第1～2次交配间隔/d					第2～3次交配间隔/d				
		1	2	3～4	5～6	7～10	1	2	3～4	5～6	7～10
母貂数/只	696	99	278	53	35	559	59	339	48	15	42
空怀率/%	32.6	9.1	18.0	20.8	37.1	15.2	6.8	9.7	14.6	26.7	14.3
胎平均产仔/只	4.11	4.21	4.54	3.90	3.77	4.48	4.73	4.48	4.76	4.55	5.08
群平均产仔数/只	2.77	3.73	3.73	3.09	2.37	3.80	4.41	4.08	4.06	3.33	4.36

由表4-12可见，初配后，1～2d复配的母貂繁殖力较高，而在3～4d或5～6d复配者，繁殖力低，使空怀率高；超过7d复配时，能提高繁殖力，使空怀率明显下降（由37.1%下降至15.2%），这种情况会持续到11～12d。如果复配间隔时间超过12d，又会出现繁殖力下降的趋势。因此，在配种期里，凡是被公貂爬跨而未受配的母貂（有可能诱发排卵），应尽量在2d内进行交配；如果仍未受配，待到下一个发情周期到来时再放对交配。

4. 放对交配

在准确断定雌貂发情后，将雄、雌貂放在一起交配称为放对。水貂在交配期间易受外界的干扰，因此对环境的要求较高。只有在环境安静、气温较低、空气新鲜的条件下，才能保证水貂性欲旺盛，容易完成交配。

（1）放对时间

水貂放对时间在寒冷的晴天，性欲旺盛，易达成交配。环境气温如果较暖和，交配率低。所以水貂放对时间一般安排在一天比较凉爽的时候，配种前半期，在早晨饲喂后0.5～1h和下午2～4时放对，下午4时30分喂晚食；配种后半期，天气逐渐变暖，上午放对时间提前到 6～9 时，下午延后到 3～5 时，上午和下午都是先放对后喂食。

（2）放对方法

把雌貂放入雄貂笼中，使之交配。将雌貂放入雄貂笼中，优点是保证雄貂环境稳定，以便发挥交配的主动性。放对时，用手提住雌貂，观察外阴部变化（初配时，每只貂都须观察，进行发情鉴定；复配时则以推算性周期为主；补配时，以试情为主）。外阴部明显肿胀，确认发情后，即将雌貂抓至雄貂笼外，来回逗引，并注意观察雄貂，如果雄貂有求偶表现，发出"咕咕"叫声，即打开笼门，将雌貂头颈部送入笼内，待雄貂叼住颈背部后，将雌貂顺手放于雄貂腋下，松开手，关好笼门，让其交配。这种操作可减少雄貂体力消耗，避免咬伤雌貂。如果雄貂见雌貂后，有敌对表现，用前爪猛抓笼门，欲咬雌貂，这时不应放对。

如发现雄雌貂在笼中拼命撕咬，雌貂尖叫，拒配，应抓出雌貂，停止放对。如见雄貂以头或臀撞击雌貂，弓腰侧扭，即可能突然下口咬雌貂。见此要立即抓走雌貂。

确认交配后，立即做好记录，并填写配种登记表，同时，在雄貂配种卡片上（一般都贴在雄貂小室壁上）填写所交配雌貂号及交配日期。

用手抓貂，要抓尾部或头颈部，禁止抓胸部和腹部，防止损伤内脏器官，造成死亡。

5. 精液品质检测

检查精液品质，可以防止因精液品质不良或无精子而造成母貂不孕。对于种公貂一定要进行精液品质检查，以便对其进行合理的利用。对于精液品质不好的公貂要淘汰，不要用它再配母貂，防止出现空怀，降低生产效益。精液品质检查应在 18～20℃ 的室内进行，因为温度过低精子活力低甚至看不到活的精子。

用清洁的小吸管或钝头细玻璃棒插入刚交配完的母貂阴道内，吸（蘸）取少量精液，涂于载玻片上，置 100～400 倍显微镜下观察精子活动、形态、密度等情况。公貂一次射精量为 0.1～0.3mL，每毫升精液中含 $(14～86) \times 10^6$ 个精子。精液中的精子密不可分，呈云雾状为稠密；精子之间有 1 个精子的距离为稀薄；居两者之间为较密（图 4-3）。正常精子呈直线运动，形状似蝌蚪。无精、死精，或畸形、呈螺旋运动的精子都属于品质不良。如果显微镜下有 80% 以上精子、且大部分精子呈直线运动，几乎没有死精子，定为"优"；如果有 50% 以上的正常精子，有极少部分精子在原地运动或有个别死精子，定为"良"，如果有 50% 以下直线运动的精子，或是精子密度虽然较大，但有大部分死精子的定为"可活"。"无精和死精"是指在一个视野中无精子或者全部都是死精子。据报道，在现场进行精液品质检查时，精子达到"可活"级别就算达到了精液品质最低要求。值得注意的是，在大群配种的时候，不是一只配完马上就能检测，遇到多的时候要排队，这样在早晨由于室温低，精液在阴门处停留时间长，大部分已经死亡，就得用吸管吸取阴道内的检测。

经几次检查，当发现有大量死精子、畸形精子的公貂时，要停止其交配，并将与其交配过的母貂及时送给其他公貂复配。

在初期配种阶段每只公貂都必须检查 1 次精液品质。对那些有怀疑的公貂，要反复检查。配种次数过多的公貂在复配阶段也应再检查 1 次。当发现公貂精液品质普遍不好时，要及时查明原因，采取措施。实践证明，蛋类、牛羊乳、动物的脑、维生素 A、维生素 E 等对促进精子生成、提高精液品质有显著效果。

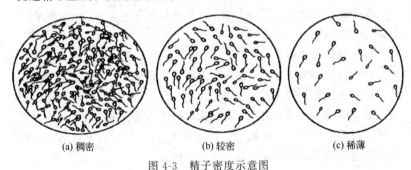

(a) 稠密　　　　　　　(b) 较密　　　　　　　(c) 稀薄

图 4-3　精子密度示意图

6. 配种时注意事项

（1）观察母貂是真配、假配或误配

水貂交配持续的时间长短不一，短者几分钟，长者达数小时，一般是 30～60min。越到配种后期，交配持续时间越长。交配持续时间，虽与繁殖力关系不大，但却反映了公貂的体质状况和准备配种期的饲养管理水平。一般认为，交配时间长的，公貂体质不佳。

① 真配　当公貂两眼半闭或直视，后躯背部与笼网呈直角或锐角，公貂后肢趾部能抬起离开笼网而公母貂后躯不分开，进一步见到射精动作，交配后母貂外生殖器官湿润、充血（有的不明显），可确定为真配。

② 假配　如果公貂两眼发贼，窥视四周，精神不集中，后躯背部不能长时间与笼网呈直角或锐角，两后肢趾部都不能抬起离开笼网，走动时公、母后臀部能分开，稍翻滚即开对，见不到射精动作。母貂臀部下曲，后肢不颤动，不轻声呻吟。从笼网下观察，可见阴茎露在母貂体外，可确定为假配；或抓出母貂，观察外阴部，如果外阴无任何明显变化，则为假配。假配公貂，开对后仍有求偶表现。

③ 误配　放对过程中公貂紧抱母貂，母貂突然高声尖叫、拼命挣脱时，多数是误配。检查肛门时，误配母貂肛门黏膜红肿或出血，严重的会造成直肠穿孔而死亡。发生误配的母貂再放对时，应更换公貂或用胶布将肛门封上。

（2）防止公母貂咬伤

当发情鉴定不准确，或择偶性强，或放对方法不正确，或强制交配等情况都会造成公母貂出现敌对表现，造成咬伤。即使水貂交配完成开对后，公母貂往往也会互相斗咬，所以，应及时将母貂送回原笼饲养。不论公貂或母貂被咬伤，均会影响配种，故需尽量避免咬伤。

主要是注意区分求偶和敌对表现。当母貂上蹿下跳，爬上笼网顶、尖叫、躲在笼角或向公貂进攻等表现强烈对抗时，要马上将其分开。公貂咬住母貂颈部后，经较长时间母貂仍然强力挣脱拒配时，要马上将其分开。当公貂求偶叫声停止，出现前足拍打笼网、尾巴乱甩或用臀部去靠母貂，并有咬母貂的敌对表现时，要迅速将其分开。交配结束后，母貂尖叫挣脱，也要立即将其分开。如果观察护理不及时，将出现严重的咬伤事故。一旦发生咬伤，要及时治疗。

（3）防止错抓乱配

抓貂配种时，要按选配计划进行。不要因忙乱而错抓乱配，不要让几只毛色相同的貂同时跑出笼外，以免把貂号搞错。配种时，貂号牌一定要随同貂一起移动。

（4）采取辅助交配措施

在配种过程中，因某种原因出现一些母貂难配，必须采取相应措施，辅助达成交配。例如，母貂后肢不站立，辅助人员可用手或木棍从笼底拖起腹部，使其臀部迎合公貂。若母貂交配时不抬尾巴，可用细绳将尾巴吊起来。若发情母貂惧怕公貂捕捉或挣脱后并无敌对行为而公貂还有交配要求时，可辅助公貂抓住母貂。若母貂确已发情，但依然猛咬公貂时，可采用强制性交配的防咬措施（用胶布捆嘴，或戴嘴套等），使难配母貂达成交配。

（5）难配母貂的交配

难配母貂除个别是因生殖器官异常外，多数是因为发情鉴定不准，在放对交配过程中受过咬伤或高度惊吓而造成的。解决难配母貂的交配问题，必须准确掌握发情表现，发情即配，不发情则等待；发情表现不易掌握的母貂，可先用性情温顺的公貂试情，确认母貂发情后，再用配种能力强的公貂进行交配。因被咬伤而难配的母貂，若发情期没过，可停放数日，待伤势有所恢复后再配。对于阴门封闭狭窄的母貂，可先用手轻轻拨开阴毛，然后用较粗滴管插入阴门，待阴门扩大后，选择配种能力强的公貂与其交配。对于已到3月下旬，发情表现仍不理想的母貂，应注射绒毛膜促性腺激素，促进其发情，完成交配。

（6）防止跑貂

跑貂易造成谱系混乱，甚至将貂丢失。应加强笼舍检修和加固工作，每次捉放水貂时都要及时把笼门锁好，防止水貂跑出。同时应在貂棚内多放置一些自动捕貂箱、捕貂网，以便及时抓回逃跑的貂。

（7）做好配种记录

配种登记是配种过程中一项较重要的工作，它是正确建立种貂谱系的依据，因此，当确认公母貂达成交配后，就要立即认真填写配种登记表。

（8）做好配种结束后的收尾工作

配种工作全部结束后，应及时根据精液检查情况、配对情况对种公貂进行筛选。对交配能力低、精液品质差和有撕咬母貂恶癖的种公貂，及时屠宰取皮，以降低饲养成本。对准备翌年继续留种的优良种公貂，则应加强饲养管理，促进其体况的恢复。日粮供给仍按配种期的标准，待体况恢复后转为静止期的饲养。

另外，每天配种工作、喂食结束后，尽量全场不相关人员不要到栋舍内大声喧哗，要让水貂得到充分的休息，使体力尽快恢复。

六、水貂的妊娠

妊娠是指从受精开始，经过胚胎的生长发育，到胎儿产出为止的生理过程。合子形成后，经过一段时间的发育，形成胚泡。胚泡附植在子宫内膜上，形成完整的胎盘体系。胎儿依靠胎盘从母体获得营养物质，在母体子宫内生长，直到产出。母貂最后一次交配结束后，即进入妊娠期。水貂的妊娠期平均为（47±2）d，变动范围为37～83d。整个妊娠过程中的胚胎发育可分为卵裂期、胚泡滞育期和胚胎期3个阶段。

1. 胚胎生长发育特点

（1）卵裂期

卵裂期即卵子受精后，经5～6次分裂形成桑葚胚并继续形成胚泡的阶段。也是受精卵经输卵管到达子宫的时间，一般需6～8d（有人认为8～11d）。

（2）胚泡滞育期

胚泡滞育期即胚泡在子宫角内游离而未附植阶段，需1～46d（有人认为6～31d）。由于水貂排卵后黄体休眠期的存在，子宫内膜尚未为胚泡植入做好准备，故胚泡进入子宫后不能马上着床，而是处在游离状态，此期胚泡不发育或发育非常缓慢，处于相对静止阶段，胚泡可以从一侧子宫角游到另一侧子宫角。

胚泡滞育期结束的时间与黄体分泌孕酮的时间有关。以春分为"信号"，随着日照时间的延长，黄体被"激活"，逐渐具有分泌孕酮的能力。通常情况下孕貂血浆中孕酮的浓度在3月25～30日开始升高，7～10d 后胚泡开始着床（4 月 1～10 日）。因此，无论配种结束日期早晚，胚泡开始着床的时间基本相近，交配结束日期早的母貂通常比交配结束日期晚的母貂胚泡滞育期长。所以有人认为，配种结束后有规律地增加光照可诱发孕酮提前分泌，从而缩短胚泡滞育期。因为胚泡在着床以前只能从子宫腺体所分泌的子宫乳中获得营养，所以死亡率很高。缩短胚泡滞育期可提高胚泡着床率和胎产仔数。

（3）胚胎期

从胚泡在子宫内膜着床到胎儿产出的时间，一般为（30±2）d。随着黄体分泌孕酮，子宫内膜增厚，胚泡开始着床并形成胎盘，胚胎开始迅速发育。通常情况下，胚胎着床数占排卵数的 83.7%，而出生的仔貂仅为排卵数的 50.2%。可见，水貂妊娠期胚胎死亡率较高，必须加强饲养管理。

母貂妊娠期的长短，主要与胚泡滞育期的长短有关。胚泡植入后，胚胎的发育速度基本相同。实践证明，水貂的毛色、配种结束日期、配种方法和个体不同都不同程度地影响妊娠期。标准貂的妊娠期略短于彩色水貂（表 4-13）。配种结束日期越早，妊娠期越长，反之则短（表 4-14）。据报道，在交配一次的情况下，水貂的妊娠期与配种结束日期的回归关系，可用以下回归方程表示：$G = 59.31 - 0.44t_1$（G 为妊娠期，t_1 为配种结束日期），二者之间的相关系数为 $r = -0.48 \pm 0.03$。在同样的气候和饲养管理条件下，交配日期相同的不同个体间妊娠期的长短有 19d（44～63d）的差异。这与不同个体对光周期变化的反应或敏感程度有关。配种方式对妊娠期长短的影响见表 4-15。

表 4-13　不同色型水貂的妊娠期

色型	妊娠期/d	母貂数/只	色型	妊娠期/d	母貂数/只
标准色	51.22	3466	青铜色	51.95	718
咖啡色	53.04	5662	粉红色	52.69	12
珍珠色	52.49	686	紫罗兰色	52.81	338
蓝宝石色	52.88	1152	银蓝色	55.08	55

表 4-14 配种结束日期与妊娠期的关系

交配日期	3 月							
	1～3	4～6	7～9	10～12	13～15	16～18	19～21	22～24
母貂数/只	21	100	136	166	154	93	51	26
妊娠期/d	58.7	55.2	52.3	51.4	50.7	48.9	48.2	49
变化幅度/d	47～68	46～76	43～63	42～70	39～62	40～63	41～60	41～53

表 4-15 配种方式与妊娠期长短的关系

项目	配种方式	1	1+1	1+7～9	1+1+7～9	1+7～9+1
妊娠期	统计数	372.0	161	629	90	8
	从第一次交配起/d	49.8	50.5	55.4	57.3	54.1
	从第二次交配起/d		49.5	46.3	49.5	46.5
	妊娠期相差天数/d		1	9.1	7.8	7.6
	变化幅度/d	30～77	39～67	38～74	41～74	43～58

水貂有时会出现假妊娠现象，即母貂交配后，虽然未能形成受精卵，或者胚泡未着床，但是却出现一系列类似妊娠的征兆。假妊娠母貂，交配后黄体经过休眠期不仅未退化，反而不断增长，并分泌出孕酮。经组织学观察，假孕母貂的卵巢中存在小黄体，垂体中分泌促卵泡激素（FSH）的细胞明显增强，并有高度活性，因而在卵巢中不仅有成熟的卵泡，而且子宫内膜的变化也与正常妊娠母貂完全相同，只是没有胚泡存在。

2. 妊娠诊断

由于水貂的配种多采用复配方式，无论是同期复配还是异期复配，每次交配都有可能使卵子受精。以异期复配为例，在上一个发情周期中，交配后，不论是否形成受精卵，在下一个发情周期里，只要母貂再次发情排卵，交配仍有可能形成受精卵。加之在妊娠的最初阶段，光周期对黄体活性有抑制作用，影响孕酮的分泌，使受精卵在卵裂到一定阶段时，因缺乏孕酮，出现或长或短的胚泡滞育期。因此，与传统家畜不同，既不能根据母貂配种后在下一个发情周期内是否再次发情来诊断是否已经妊娠，也不能将血液或尿液中孕酮含量的多少作为母貂早期妊娠诊断的依据。目前只能通过观察母貂的换毛、采食、活动、膘情等变化，确定母貂是否妊娠。母貂妊娠后，采食量明显增加，贪睡，不喜欢运动，喜欢安静的环境，膘情好转，被毛光亮，性情温顺。

（1）换毛速度

水貂换毛是由日照时间的变化引起的，但水貂妊娠之后，体内激素的变化使得妊娠母貂冬毛更换大大加速。换毛的顺序，先是眼圈四周，然后头部、躯体，最后是四肢，逐渐脱掉冬毛。临产前，冬毛已经全部脱落（正常情况下）。新换上的被毛外观光亮、发黑、贴身（绒毛少之故），与色调已退成黄褐色、蓬松而张开的冬毛形成了鲜明的对照。若发现妊娠母貂换毛过程突然中止，同时发生连续 2～3d 食欲不振或拒饲现象，则是胎儿发育受阻或发生死亡的标志，必须迅速找出原因，及时改正，挽救其他妊娠母貂。

（2）体型观察

随着妊娠日期的推进，母貂腹部逐渐高凸，后期突出的速度加快，而且由于绒毛脱落的关系，高凸的腹部显得更加明显。临产前乳头全部外露，也可作为妊娠的一个标志。初养者常将肥胖错认为妊娠，两者的区别是腹部突出的位置不同，上腹部高凸是妊娠，下腹部横向膨大是肥胖。

（3）行为观察

随着妊娠天数的增加，母貂采食量逐渐加大，饮水和排尿次数增多，活动能力却明显下降，常躲在小室内，不轻易外出。若用枝条逗引，可以看到妊娠母貂不善于跳跃，行动缓慢，稳重。逗引时要注意动作不宜过快，时间不要过长，以免影响胎儿发育。妊娠后期，大多数母貂有贮草营巢的行为。原来在小室内排粪便的母貂，此时也会喜爱清洁，到小室外排粪便。

3. 预产期

水貂的妊娠期虽差别较大，但多数是（47±2）d。预产期，即母貂最后一次受配日期加上（47±2）d，并结合妊娠和临产征候加以确定。

七、水貂的产仔

1. 母貂产仔前的表现

临产前Ⅰ周左右母貂开始拔掉乳房周围的毛，露出乳头。临产前2～3d，粪便由长条状变为短条状。临产时，活动减少，时时发出"咕咕"的叫声，行动不安，有腹痛症状和营巢现象，产前1～2顿拒食。

母貂临产前骨盆韧带松弛，子宫颈松弛缩短，分泌物增加，阴道黏膜充血，阴门浮肿，抵抗力下降。在产仔和产后一段时间内，生殖道都处于开放状态，容易感染各种疾病。因此，在饲养管理上要加以注意，特别是冬季不是非常寒冷的地区，细菌常年都处于活跃状态，更要加强饲养管理，防止母貂产后感染疾病。

2. 母貂产仔前的准备工作

根据预产期与分娩预兆，将母貂在分娩前1～2周转入产房。需做好产仔前的准备工作。助产准备主要有以下几方面。

（1）消毒

产房或产箱应在产仔前一周打扫干净，用2%苛性钠或55%碳酸氢钠清洗消毒，有条件的养貂场可用火焰喷灯消毒笼网和小室箱。为了保温应将产箱有缝隙的地方用牛皮纸糊严，或于小室和产箱之间的空隙之处用草堵塞，并在产箱里铺垫清洁柔软的干草。

（2）保温

因为水貂产仔多在5月1日以后，此时天气变暖，但仔貂体温调节能力极差，应当在小室内絮好垫草，并要防贼风。保温用的垫草以清洁、干燥、柔软、不易碎、无芒刺的软杂草、乌拉草为好，稻草捣松软后也可应用。严禁用其他畜禽用过或污染过的垫草，也不要用破旧棉絮。絮草时要把草抖落成纵横交错的草蓬，一蓬一蓬地絮在小室内，以防被母貂拽出。箱底部和四角要压实，中间留有空隙，以便母貂进一步整理做窝。垫草应在产仔前一次絮足，否则产后再补加会使母貂惊慌不安。

（3）及早准备助产用具

产房应备有洗手盆、热水、毛巾、肥皂、消毒液和专门的药箱及产科器械。

（4）建立昼夜值班制度

助产人员应选择有经验并具有责任心者，助产人员穿干净的工作服上岗，担任助产工作。

3. 母貂产仔过程

正常情况下，先产出仔貂头部。产后母貂即咬断仔貂脐带，吃掉胎盘，舔干仔貂身上的羊水。正常的产仔过程一般是 2～4h，快者 1～2h，慢者 6～8h，超过 8h 的应视为难产（较少见）。产后 2～4h，排出油黑色的胎盘粪便，这是判断是否产仔的可靠标志。

母貂胎产仔数的差异也比较大，少则 1 只，最多 18 只，一般情况下为 5～7 只，胎平均产仔 6 只左右的比较普遍。彩貂比标准貂稍低一些。胎产仔数与产仔期呈负相关的关系：随着产仔期延长，产仔数也相对减少，一般 5 月 5 日以前产仔的母貂，平均产仔数高于 5 月 5 日以后产仔的母貂。

母貂产仔一般在夜间或清晨，顺产时需 3～5h。出现难产的母貂会食欲突然下降，精神紧张、急躁不安，不断呈蹲坐排便姿势或舔外阴部。经催产仍无效时，可以根据情况采取剖腹取胎手术，抢救母貂和胎儿。助产工作应在严格遵守消毒原则下，按着正确方法和步骤进行，确保母貂分娩的顺利和胎儿安全产出。

4. 母貂产仔的辅助工作

分娩为母貂的一种正常生理过程，一般不需干预。助产目的在于护理母貂（清除障碍物如黏液，协助母貂断脐带、擦干皮肤，饮以初乳等）和观察产仔过程是否正常等；如发现难产时，及时进行手术助产。

（1）严守岗位，准备助产

母貂临产 1～2d 前，拔掉乳房周围毛，露出乳头。产仔多半在夜间或清晨，产程需 3～5h，应耐心看护。工作人员要日夜巡查，仔细观察母貂的各种表现，掌握大概产仔时间，对临产和产仔的母貂重点观察，遇到特殊情况及时处理。

判断母貂是否已经产仔的主要依据是，听产仔箱内仔貂的叫声和检查母貂的粪便。

（2）产仔过程的助产

母貂突然拒食1～2次，是分娩的重要预兆。如果拒食多次，腹部很大，又经常出入小室，行动不安，精神不振，蜷缩在小室中；在笼网上摩擦外阴部或舔外阴部；出现排便动作，且外阴部有血样物流出；"咕咕"直叫，又不见仔貂叫声，这些现象可能是母貂难产。发现母貂难产时，应注意观察，采取相应助产措施，并做好记录。当发现仔貂在母貂外阴部夹住，久娩不出时，可抓住母貂，将其仰卧保定，随其努责慢慢拉出胎儿，擦净口鼻，将先产的一端向上，伸直仔貂身躯，使其恢复呼吸，同时摩擦体表促进血液循环，数分钟可救活。如果母貂娩力不足时，可注射催产素（垂体后叶激素）0.1～0.2mL，2h内仍不产，重复注一次，待2～3h后仍产不出仔貂时，要进行剖宫产手术。取出的仔貂经人工处理后代养，对术后的母貂一定要加强护理。

八、提高繁殖力的主要措施

1. 繁殖力的评价指标

繁殖力是指维持正常繁殖功能生育后代的能力，也就是指在一生或一段时间内繁殖后代的能力。欲提高水貂的繁殖力，必须掌握繁殖力的评价指标。

（1）受配率

用于配种期考察水貂交配进度的指标。

$$受配率 = \frac{达成配种的母貂数}{参加配种并发情的母貂数} \times 100\%$$

（2）产仔率

用于评价母貂妊娠情况。

$$产仔率 = \frac{产仔母貂数（包括流产数）}{实配母貂数} \times 100\%$$

（3）胎平均产仔数

用于评价母貂产仔能力。

$$胎平均产仔数 = \frac{仔貂数（包括流产和死胎）}{产仔母貂数}$$

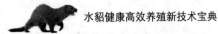

（4）群平均产仔数

用于评价整个貂群产仔能力。

$$群平均产仔数 = \frac{仔貂数（包括流产和死胎）}{配种期存栏母貂数}$$

（5）成活率

用于衡量仔、幼貂培育的好坏。

$$成活率 = \frac{现活仔貂数}{所产仔貂数} \times 100\%$$

（6）年增值率

用于衡量年度水貂群变动情况。

$$年增值率 = \frac{（年末只数 - 年初只数）}{年初只数} \times 100\%$$

（7）死亡率

用于衡量水貂群发病死亡的情况。

$$死亡率 = \frac{死亡只数}{年初只数} \times 100\%$$

2. 提高水貂繁殖力的措施

影响水貂繁殖力的因素较多，如遗传、营养、环境应激、饲养管理等。这些因素直接或间接影响公貂的精液品质、配种能力，母貂的正常发情、排卵数和胚胎发育，最终影响到水貂的繁殖功能。提高水貂的繁殖力，必须采取综合性技术措施。

（1）建立优良高产种群

在建场时就应先引入优良种貂，只有良种才能产出优良后代。实践中往往引入种貂并不理想，这就需要在实际工作中不断选育提高。具体做法是不断淘汰生产性能低、母性差、毛色差的种貂及其后裔，保留那些生产性能优良的种貂及其后裔，经过3～5年的精选和淘汰，就会使种群品质大大提高。

（2）科学饲养管理

科学的饲养管理能保障种貂的健康，使种貂有良好的繁殖体况，保证精子和卵子的质量，这是提高水貂繁殖力的前提条件。再好的种貂，如果饲养管理跟不上，也不能充分发挥良种的潜力和生产效能。因此，按水貂不同生理时期的不同饲养标准进行适宜的饲养管理，是提高母貂繁殖力的必备条件之一，主要包括日粮全价，饲养环境适宜、卫生，无疾病和应激等。

（3）合理补充光照

水貂的繁殖和换毛都依赖于光照周期的变化。生殖系统发育成熟、冬毛生长和交配依赖于短日照的周期变化过程，妊娠和夏毛生长依赖于长日照的周期变化过程。只要人工合理控制光照周期变化，就可以使水貂繁殖和换毛提前。

秋分之前提前人工遮光，可以使水貂生殖系统提前发育；配种前30～40d 有计划地对公貂进行增光，保证每日 11 小时 30 分钟的日照时间。经过光照，水貂性欲高、配种能力强、精液品质好。特别是美国短毛黑公貂，效果较明显。公貂利用率达到 98%，配种次数最低 9次，最高控制在 17 次；母貂配种结束后，有规律控光可缩短平均妊娠期，使母貂集中产仔，提高仔貂 3 日龄成活率。生产上采用的控光法可分为分阶段渐进增光法和一次性持续增光法（详见本书第六章第四节妊娠期饲养管理相关内容）。如果采用全控光养殖水貂，可以大大缩短水貂繁殖周期，达到 2 年繁殖 3 次。

第五章 水貂饲料安全配制加工新技术

第一节 水貂营养需求概述

一、水貂的消化特点

① 犬齿发达，门齿和臼齿不发达，适合撕咬、撕裂肉类，不善于咀嚼。

② 消化道短，且结构简单，食物通过消化道的速度快。水貂的胃比其他肉食性动物更为简单，小肠更短（体长的 4 倍），且无盲肠。食糜从小肠到结肠的速度不会因为回盲瓣的存在而减慢，短的非囊状结肠不会延长食糜的滞留时间，食糜通过水貂消化道的时间为 1～6h，平均为 3h。另外，饲料原料的处理会影响食糜的滞留时间。谷物饲料原料（玉米、燕麦和小麦）的通过速度比加工后的同种饲料快30min。鱼粉代替鲜鱼后，饲料的通过速度变快。

③ 消化腺能够分泌大量的蛋白酶和脂肪酶，对蛋白质和脂肪的消化能力很强。

④ 消化腺分泌的淀粉酶量较少，对碳水化合物的消化能力差，

且发育晚。11周龄水貂淀粉酶和蔗糖酶的活性仍比成年貂低很多。在日粮中添加碳水化合物水解酶并不能改善水貂的生产性能。

⑤ 无盲肠，所以在消化过程中微生物所起的作用很小，不能消化纤维素，体内合成维生素的能力也很差。

二、水貂的营养需要

水貂必须从体外吸收所需要的营养物质以维持生存、生长、繁殖等正常的新陈代谢等生命活动。水貂的营养需要包括能量、蛋白质、脂肪、碳水化合物、维生素、矿物质和水分。当水貂处于不同生长阶段，其生理特点不同，外界气候环境不同，因此水貂对各营养素的需求也有差异。我国现行的一般标准是，根据水貂在不同生长阶段所需的代谢能（kJ），规定各类饲料所占总代谢能的比例，并标明日粮中所含的可消化蛋白质的数量，详见表5-1和表5-2。在水貂养殖实践中，也经常采用以代谢能为单位的饲养标准。换算成按日需饲料量，制订出配料方案（表5-3）。

表 5-1　成年水貂的饲养标准

饲养时期	月份	代谢能/kJ	可消化蛋白质/g	占代谢能的比例/%			
				肉、鱼类	乳、蛋类	谷物	果蔬
准备配种期	12～2	1045.0～1128.0	20～28	65～70	—	25～30	4～5
配种期	3	961.4～1045.0	23～28	70～75	5	15～20	2～4
妊娠期	4～5	1086.8～1254.0	25～35	60～65	10～15	15～20	2～4
泌乳期	5～6	1045.0①	25～35	60～65	10～15	15～20	3～5
恢复期	♂4～8	1045.0	20～28	65～70	—	25～30	4～5
	♀7～8						
冬毛生长期		1045.0～1254.0	30～35	65～70	—	25～30	4～5

① 在1045.0kJ的基础上，根据仔貂数、日龄及采食量不断调整。

表 5-2　幼貂的饲养标准

月龄	代谢能/kJ	可消化蛋白质/g
1.5～2.0个月	627.0～836.0	15～18
2.0～3.0个月	836.0～1254.0	18～30

续表

月龄	代谢能/kJ	可消化蛋白质/g
3.0～6.0个月（冬毛生长期）	1672.0～1379.4	30～35
6.0～7.0个月（准备配种期）	1086.8～1254.0	26～30

表 5-3　按重量计算的日粮配合

饲养时期	日粮		日粮配合比例/%					
	总量/g	可消化蛋白质/g	肉、鱼类	乳、蛋类	熟制谷物	果蔬	麦芽	水或豆汁
准备配种期	220～250	20～28	50～60		12～15	10～12	5～8	10～15
配种期	200～250	23～28	60～65	5	10～12	7～10	5～6	10～15
妊娠期	200～300	25～35	55～60	5～10	10～12	10～12	4～5	5～10
泌乳期	250 或不限量	25～35	55～60	10～15	10～12	10～12	4	5～10
幼貂育成期	150 或不限量	20～35	55～60		10～15	12～14		10～20
维持期	250～300	25～28	55～60		15～20	12～14		12～15
冬毛生长期	280～300	30～35	55～60		12～15	10～14		15～18

第二节　水貂常用饲料原料评价及开发新技术

一、动物性饲料

1. 新鲜鱼类及其加工副产品

鲜鱼的营养成分因其种类、年龄、捕获季节及产地等不同有很大差异。一般鲜鱼中蛋白质含量为 13%～18%，脂肪含量为 0.7%～13%。鲜鱼干物质中粗蛋白质含量一般为 50% 左右，且氨基酸组成平衡，必需氨基酸含量高，鲜鱼的消化率和营养价值高，是水貂饲料的主要原料。鱼类副产品包括新鲜鱼排（如鳕鱼排和鲽鱼排）、鱼头及内脏，其蛋白质含量低于鲜鱼，一般占干物质的 40%～45%，氨基酸组成比较平衡，可与鲜鱼搭配使用。新鲜的海杂鱼适口性好，蛋白质消化率高。多数淡水鱼中含有硫胺素酶，可破坏硫胺素（维生素 B_1），应熟制后饲喂。

2. 肉类

肉类包括各种畜禽的肉类。新鲜，经检疫无病无毒的可直接使用。病死畜禽肉不能作为饲料使用。肉类饲料可占动物性饲料的 20%～30%。此类饲料中一般含水量为 75%，蛋白质 10%～20%，脂肪 2%～20%。

3. 畜禽加工副产品

畜禽加工副产品包括畜禽的头、骨架、内脏和血液等，在生产中已被广泛应用。日粮中畜禽加工副产品一般占动物性饲料的 30%～40%。繁殖期不能饲喂含激素的副产品（如含甲状腺、肾上腺等内分泌腺的组织）。这类饲料干物质中粗蛋白质的含量一般为 20%～40%，粗脂肪的含量为 20%～30%，营养成分变化较大，应用时最好实测。鸡头、鸡脖、鸡架、鸡肝、鸡肠等鸡加工副产品应用较多。有研究表明，水貂在生长早期（5～6月）和晚期（7～8月）喜食禽加工副产品日粮，而不是高鱼日粮。北美水貂养殖场的试验结果表明，水貂喜食家禽内脏尤其是鸭内脏。

4. 乳类和蛋类

乳类和蛋类是水貂优质蛋白质来源，含有全部的必需氨基酸，而且各种氨基酸组成平衡，易消化吸收。水貂对鲜乳或乳制品蛋白质消化率可达 95%。另外，乳类和蛋类中还含有营养价值很高的脂肪、多种维生素及易吸收的矿物质。

乳类在妊娠期和泌乳期使用，对母貂泌乳及幼貂生长发育有良好的促进作用。但鲜乳中含有较多的乳糖和无机盐，有轻微腹泻的作用，每只水貂每日的喂量一般不超过 40g。鲜乳最好在 70～80℃ 条件下加热 15min 后饲喂，酸败变质的乳不能喂貂。鲜乳很容易酸败变质，特别是夏季，放置 4～5h 就会酸败，因此制成发酵乳应用效果更好。如果用全脂奶粉代替鲜乳，可用开水按 1：（7～8）比例稀释调配。

蛋类包括鲜蛋和毛蛋，含有营养价值很高的脂肪、多种维生素和矿物质，具有较高的生物学价值。全蛋蛋壳占 11%，蛋黄占 32%，蛋白占 57%，含水量为 70%左右，蛋白质 13%，脂肪 11%～15%。在水貂配种期补充蛋类，可提高公貂配种能力和精液品质。哺乳期对高产母貂，每日每千克体重供给 20g 蛋类，可提高幼貂的存活率。蛋清中含有一种抗生物素蛋白，能与生物素相结合，形成无生物学活性的复合体抗生物素蛋白。长期饲喂生蛋，生物素的活性就会受到抑制，引起水貂发生皮肤炎和绒毛脱落等症状。因此，蛋类熟制后营养价值更高。

5. 干动物性饲料

这类饲料蛋白质含量高，一般都在 60%以上，品质良好，生物学价值高。可用于生产水貂干粉饲料、颗粒饲料，也可用于生产鲜配合饲料。

① 进口鱼粉　由鲜鱼经过干燥粉碎加工而成，蛋白质含量在 65%左右，氨基酸组成平衡，必需氨基酸含量高；脂肪含量为 10%～12%；富含 B 族维生素，尤其是核黄素、维生素 B_{12} 含量高。对水貂来说，营养价值较高。质量好的鱼粉饲喂量可以占到动物性饲料的 20%～25%。

② 肉骨粉　是以不宜食用的家畜躯体、骨、内脏等为原料，熬油后干燥所得产品。粗蛋白质含量为 50%～60%，赖氨酸、B 族维生素、脂肪含量高。在鲜鱼和肉类产品缺乏时，肉骨粉可以作为水貂饲料原料使用。建议饲喂量为日粮干物质的 20%以下。

③ 血粉　是以动物血液为原料，脱水干燥而成。粗蛋白质含量为 80%～85%，但氨基酸组成不平衡，赖氨酸、亮氨酸、组氨酸含量较高，而蛋氨酸、异亮氨酸、胱氨酸含量低。血粉有利于水貂绒毛和幼貂的生长，但血粉中的蛋白质主要为纤维蛋白，水貂的消化利用率较低。因此，用量不宜过多，一般占动物性饲料的 10%～15%。

④ 羽毛粉　由禽类的羽毛经过高温、高压和焦化处理后粉碎制成。粗蛋白质含量为 80%～85%，含有丰富的胱氨酸、谷氨酸和丝氨酸，在春秋换毛季节饲喂羽毛粉有利于水貂绒毛生长，并可以预防水貂的自咬症和食毛症。但蛋氨酸和赖氨酸含量较低，营养不均衡，含有大量的角质蛋白，不利于水貂的消化吸收，而且适口性较差，需要与其他动物性饲料配合使用。羽毛粉经高温高压水解处理，可打破

羽毛粉结构中的双硫键和硫氢键，使羽毛中蛋白质局部水解，提高羽毛粉的蛋白质利用率，改善羽毛粉的适口性。建议冬毛生长期羽毛粉添加量为5％以下。

水貂对不同饲料原料中蛋白质和脂肪的消化率分别见表5-4和表5-5。

表5-4　水貂对饲料原料中蛋白质的消化率

饲料原料	消化率/%	饲料原料	消化率/%	饲料原料	消化率/%
鲜、冷冻饲料		鱼肠	94	蚕蛹粉	91
牛食管	80	鱼皮	95	脱脂奶粉	92
牛肠	89	全鱼	90	鲸鱼肉粉	91
牛肝	89	马肝脏	93	植物蛋白质	
牛肺	80	马肉(无骨)	92	大麦	75
牛肉	87	牛奶	94	玉米渣粉	57
牛肚(瘤胃)	85	猪脊骨	61	玉米蛋白粉	86
牛脾	86	猪头	56	玉米	70
奶酪	96	猪肉	87	脱壳燕麦	77
白软干酪	93	猪耳	87	马铃薯蛋白	88
鸡(1日龄)	68	猪蹄	81	黑麦麸	55
鸡蛋	90	脱水畜禽/鱼		大豆(未加工)	62
鸡内脏(肠)	87	血粉	90	大豆(熟制)	67
鸡爪	56	羽毛粉	18	豆粕	80
鸡头	77	鱼粉(全鱼粉)	83	大豆浓缩蛋白	92
鸡脖	82	鱼溶浆	77	麦麸	65
鸡架(无毛)	80	肉粉(10％灰分)	80	小麦	74
鸡架(带毛)	50	肉粉(20％～25％灰分)	71	小麦谷朊蛋白	92
鱼排	80-83	肉粉(30％灰分)	60	次粉	60
鱼肉	96	鸡肉粉(无毛)	74	全麦粉	70
鱼头	83	鸡肉粉(有毛)	58		

表 5-5　水貂对饲料原料中脂肪的消化率

饲料原料	消化率/%	饲料原料	消化率/%
鲜/冷冻饲料		加工的畜产品/鱼	
牛肉	81	鱼粉	92
牛肝	91	肉粉	82
牛肺	91	禽肉粉（带毛）	79
牛脾	91	蚕蛹粉	88
牛脂（未加工）	68	炼油	
牛肚（瘤胃）	89	鱼油	95
鸡副产品（肠∶爪∶头为 50∶25∶25）	94	牛油（美国产）	93
鱼（鱼排）	94	猪油（美国产）	93
鱼（全鱼）	96	氢化鱼油	
蛋鸡（淘汰）	91	毛鳞鱼油	94
马肉	93	−21℃氢化	91
乳产品	90	−33℃氢化	84
猪内脏	85	−41℃氢化	67
植物油			
卵磷脂	91		
菜籽油	95		
豆油	95		

二、植物性饲料

植物性饲料主要为水貂提供碳水化合物和能量，主要包括谷物、油料作物和果蔬类等。由于水貂肠道内淀粉酶的活性低，难以消化利用植物性饲料中的淀粉，所以必须对植物性饲料进行适当的加工处理，使淀粉变性，有利于水貂的消化吸收。

1. 膨化玉米

玉米的可利用能量高，主要是淀粉（72%）和脂肪（4%）含量高，且含有较多的亚油酸，蛋白质含量一般仅为 8% 左右。水貂对玉米淀粉的利用率较低，必须对玉米进行膨化处理，使淀粉糊化。膨化玉米是指玉米经过水分、热、机械剪切、摩擦、揉搓及压力差综合作用下的淀粉糊化过程。膨化玉米色泽淡黄、粉细蓬松，具有爆米花香，易溶于水。膨化玉米有熟化度和膨化度两个方面的要求，分别用淀粉糊化度和物料容重来衡量。适合饲喂水貂的膨化玉米为中膨化度产品，容重 0.3~0.5kg/L，水分 8%~10%，淀粉糊化度在 90%以上。

2. 膨化小麦

膨化小麦有效能值低于玉米；粗蛋白质含量可达 13%，但赖氨酸、含硫氨基酸的含量较低。膨化小麦外观呈茶褐色、淡咖啡色，粉细疏松，麦香浓郁，滑润可口。小麦膨化过程包括熟化、灭酶、灭菌等，可使蛋白质、碳水化合物等大分子物质被降解，同时可有效破坏阿拉伯木聚糖等抗营养因子的活力。

3. 膨化（全脂）大豆

大豆蛋白质含量 38%，脂肪含量 17%~19%。但生大豆中含有抗胰蛋白酶、脲酶、抗原蛋白等抗营养因子，不能生喂，必须经熟化才能消除其中的抗营养因子，提高消化率。膨化大豆水分含量 12%以下，蛋白质含量 35% 以上，脂肪含量 16% 以上，抗营养因子含量极低，是一种能量和蛋白质相对平衡的饲料原料。

4. 果蔬类饲料

果蔬类饲料包括叶菜、野菜、块根、块茎及瓜果等，是维生素C、维生素 K 的主要来源，同时提供可溶性的无机盐类及帮助消化的纤维素，并可增加食欲。

利用蔬菜时，应采用新鲜菜，严禁大量堆积，否则会使菜内温度上升。温度达 30~40℃ 时，菜中的硝酸盐被还原成亚硝酸盐，放置时间越长，其含量越多。蔬菜切碎后不能在水中长时间浸泡，防止维生素流失，腐烂的部分应摘去。另外，农药污染过的蔬菜也最好不用或慎用。

水貂对不同饲料原料中碳水化合物的消化率见表 5-6。

表 5-6 水貂对饲料原料中碳水化合物的消化率

饲料原料	消化率/%	饲料原料	消化率/%
大麦(糠)	40	豆粕(44%蛋白质,未去皮)	49
大麦(未加工)	60	豆粕(熟制)	57
大麦(熟制)	69	豆粕(50%蛋白质,去皮)	58
玉米(未加工)	58	马铃薯(未加工)	2
玉米(熟制)	80	马铃薯(熟制)	80
玉米(膨化)	80	马铃薯淀粉(熟制)	77
玉米片(烤制)	82	黑麦麸	40
玉米蛋白粉	60	木薯粉(熟制)	80
玉米(粉渣副产品)	69	木薯淀粉(未加工)	32
玉米淀粉(未加工)	58	木薯淀粉(熟制)	82
玉米淀粉(熟制)	85	小麦(未加工)	73
奶	100	小麦(熟制)	79
奶粉(干燥)	98	小麦片(烤制)	85
燕麦(未加工)	50	小麦淀粉(未加工)	72
燕麦(脱壳)	68	小麦淀粉(熟制)	87
燕麦(蒸汽,压制)	81	小麦麸	50
燕麦(熟制)	84	小麦胚芽	68
谷物混合物	74	次粉	67

三、微生物类饲料

1. 饲料酵母

饲料酵母泛指以糖蜜、味精、酒精、造纸等的废液为培养基生产的酵母。饲料酵母外观多呈淡褐色,蛋白质含量很高,可达 40%～60%,富含 B 族维生素。酵母能使胃肠中的消化酶稳定,并且氨基酸组成齐全,容易被水貂消化吸收,是水貂的一种常年不可缺少的优质饲料。

2. 发酵饲料

发酵饲料是指在人工控制条件下，利用有益微生物自身的代谢活动，将植物性、动物性和矿物质性物质中的抗营养因子分解，生产出更易被动物采食、消化、吸收并且无毒害作用的饲料。水貂饲料中添加一定量的发酵饲料，可提高粗脂肪的消化率，减少氮的排放。

四、添加剂类饲料

添加剂类饲料主要包括维生素类、微量元素类、氨基酸类、抗生素类、微生态制剂、酶制剂、寡糖类、酸化剂和抗氧化剂等。主要作用是补充饲料中缺乏的维生素、微量元素和氨基酸，平衡营养，提高饲料养分利用率；防治水貂疾病，提高抗病力，保障水貂健康，促进生长性能，生产优质毛皮；改善饲料品质，有利于饲料贮存。

五、水貂饲料开发新技术

野生状态下，水貂主要捕食小型啮齿类、鸟类、爬行类、两栖类、鱼类、昆虫等动物。水貂属于典型的肉食性动物，其消化系统结构和生理功能特点都显示对动物性饲料具有较高的消化率，而对植物性饲料消化能力较差。因此，在水貂饲料配比中，动物性饲料占比较大。

随着我国畜牧业突飞猛进的发展，养殖规模不断扩大，每年饲料消耗量也越来越多，每年鱼粉、豆粕、玉米都需要大量进口，特别是蛋白质饲料。但是随着世界范围内海洋鱼类的过度捕捞问题愈演愈烈，造成了鱼类产量大幅度下降，从而导致进口鱼粉价格一路飙升，其他动物性饲料价格也跟着不断上涨。水貂养殖中动物性饲料占整体养殖成本的 70% 左右，所以加强动物蛋白质饲料种类的开发和现有动物蛋白质饲料种类的深层次应用就成了我国养貂业面临的重要问题。

1. 动物蛋白质饲料种类的深层次开发应用

国内的动物性蛋白质饲料主要有鱼粉、肉骨粉、血粉、羽毛粉等几大类。其中，鱼粉一直以来都被当作非常理想的动物性蛋白质饲料加以使用。而肉骨粉、血粉、羽毛粉由于加工工艺和营养特点，其消化利用率较低，在配制饲料时都有用量限制。

（1）羽毛粉

羽毛主要由角蛋白构成，具有纤维结构，属不溶性蛋白。由于羽毛的多肽链间存在着很多的二硫键（—S—S—）和氢键，使羽毛蛋白质的结构特别稳定，如果不经处理，动物消化道中的消化酶基本上无法把它们消化分解。羽毛中氨基酸种类齐全，还含有常量元素、微量元素及一些未知的生长因子。羽毛蛋白质中除赖氨酸、蛋氨酸的含量明显较低外，其他动物必需氨基酸的组成略高于鱼粉，而羽毛蛋白质所含的胱氨酸为天然蛋白质饲料之冠，在一定程度上可以满足一部分动物对胱氨酸的需要。

羽毛粉经高温高压水解法、膨化法、酶解法等方法加工后可裂解二硫键而暴露出蛋白质，完全溶解角蛋白，从而使其变成畜禽可消化吸收的可溶性蛋白，消化率明显提高。

（2）肉骨粉和血粉

我国目前所用于肉骨粉生产的原料主要来自人类所不能使用的过期肉类，以及各类肉类加工厂生产剩余下来的肉类骨头下脚料，然后通过高温灭菌脱脂等工艺生产出来的一种肉骨混合的蛋白质粉末。肉骨粉原料虽然在我国储量丰富，但是由于加工工艺粗陋、品质差难以实现稳定持续。

血粉中的粗蛋白质含量非常高，一般能够达到 80%～90%，大大高于鱼粉和肉粉等类别。血粉中的氨基酸成分含量高，种类也非常丰富，如组氨酸、色氨酸、苯丙氨酸等，而且血粉中的赖氨酸含量还高居所有天然性饲料的榜首，高达 8% 左右。

对于肉骨粉和血粉应该进一步研究其加工工艺，一方面提高其消化率；另一方面实现稳定生产，并提高其适口性。

2. 植物蛋白质饲料源的再加工

饼粕饲料原料在畜牧养殖中得到了广泛应用，豆粕可以大范围代替鱼粉使用，降低了对进口鱼粉的依赖。我国有大量的杂粕资源，棉籽粕、菜籽粕年产量为 1300 万吨，其他杂粕超过 800 万吨，总量占世界第一。虽然杂粕的应用存在一些限制性因素，但通过改进加工工艺和进一步工艺处理可以降低纤维含量、去除内源毒素和抗营养因子，从而提高其消化利用率。

3. 昆虫蛋白的开发利用

用昆虫生产的蛋白质饲料中蛋白质含量高，营养丰富而全面，生物转化率高，而且水貂在野生状态下，昆虫就是它的食物。因此，相对而言，对于水貂养殖昆虫蛋白的开发利用更合适。

（1）蝇蛆蛋白饲料

干蝇蛆的营养水平与秘鲁鱼粉接近，优于豆粕和肉骨粉，可等量代替进口鱼粉加入鸡饲料中，用干蛆粉代替进口鱼粉喂肉鸡，增重比鱼粉提高了 70%～139%。用干蛆粉喂猪可提高瘦肉率 9%～15%。养蝇育蛆成本低，方法简单，蝇蛆蛋白饲料饲喂效果好。

（2）蚯蚓粉

蚯蚓粉含粗蛋白质 61%～72%，其氨基酸种类齐全，并含大量钙、磷及多种维生素。在配合饲料中蚯蚓粉可代替进口鱼粉。凡有粪肥、杂草腐泥、沼泽草、腐败物、发酵残渣等都可培育蚯蚓，任何 $1hm^2$ 良田所获得蛋白质的产量都不如 $1hm^2$ 面积上培育蚯蚓所获得的蛋白质产量。

（3）其他

① 蚕蛹　蚕蛹粉也是很好的蛋白质饲料。蚕蛹含有多种氨基酸，既是动物蛋白质又是植物蛋白质。用蚕蛹粉代替鱼粉配合的饲料具有成本低、产蛋率高等特点。

② 黄粉虫　用黄粉虫生产的黄粉虫粉是一种营养齐全的高蛋白质饲料。作为蛋白质饲料喂畜禽优于进口鱼粉。

③ 白蚂蚁　野生采集和人工养殖是获取白蚂蚁的两大主要途径。蛋白质含量达 42%以上，添加饲料中用于喂养畜禽，不仅可以加快畜禽生长发育，也可以增强免疫力，促使其健康无疾病。

④ 蟑螂干　蛋白质含量十分丰富，达 60%～70%，是鱼类良好的饲料，可改善鱼类的食欲。

⑤ 中华稻蝗　稻田的主要害虫之一，加工制成稻蝗粉，蛋白质含量高达 64.1%，脂肪含量低为 3.7%，氨基酸总量达 73.5%，是鱼粉的优质替代品。

⑥ 地鳖虫　蛋白质含量 23％，是一味中药，具解毒、去淤之功效，故在畜禽养殖中是属于药用、食用两者兼备的天然饲料。

还有一些其他昆虫饲料都逐步投入使用，如蛴螬（蛋白质含量 70％）、蝼蛄（蛋白质含量 65％）、蝗虫（蛋白质含量 74.9％）、松毛虫（蛋白质含量 68.8％）等。

第三节　水貂饲料配方设计

一、饲料配方设计的依据

① 应考虑水貂的食性和消化生理特点。水貂属于典型的肉食性毛皮动物，对动物性饲料消化能力强，对植物性饲料消化能力弱。因此，水貂日粮要以动物性饲料为主。

② 应明确处于不同生物学时期的水貂对各种营养物质的需要，即饲养标准，它是水貂日粮配制最根本的依据。再结合各种饲料中所含的营养成分，适当配合，尽量达到标准规定的要求。当然饲养标准并不是绝对的，它是各种研究的积累和总结，随着研究和实践的深入，饲养标准应作出相应的调整，以更加趋于完善。

③ 在拟定日粮过程中，应充分考虑当地的饲料条件和现有的饲料种类，尽可能地用多种饲料配合，充分发挥蛋白质互补作用，满足水貂对必需氨基酸的需要和提高日粮中氨基酸的利用率，以达到营养完全的目的，并能节省饲料，降低饲养成本。

④ 在配制日粮时，要注意各种饲料的理化性质，避免营养物质之间的破坏和拮抗作用。

⑤ 拟定日粮时，还需考虑水貂的体况、季节变化、性别，以及各种饲料的适口性和利用率问题。拟定日粮时还要考虑过去的日粮营养水平、貂群的体况以及存在的问题等，同时也要保持饲料的相对稳定，避免突然改变饲料品种，否则会引起水貂对饲料的不适应而影响生产。

⑥ 新日粮拟定后要注意观察饲喂效果，遇有问题时及时加以修正。

二、配制日粮的方法

所谓日粮，是指每天供给每只水貂饲料量的总和。

配制日粮的方法主要有手工计算法和计算机辅助设计两种。计算机辅助设计通过线性规划或多目标规划原理，可在较短时间内，快速设计出营养全价且成本较低的优化饲料配方。手工计算法设计过程清晰，是计算机辅助设计的基础，充分体现设计者的意图，充分发挥不同饲料的优势，规避不足。由于手工计算量不及计算机，因此手工计算法更依赖于经验值。

随着饲料工业的快速发展，许多饲料厂推出了水貂的商品配合饲料。商品配合饲料是将各种动植物性饲料，如鱼粉、肉骨粉、大豆浓缩蛋白、谷物等干燥粉碎，并添加矿物质和维生素混合而成的干配合饲料，运输、贮存、使用方便，许多中、小型养殖场都在使用，仅在水貂繁殖期适当添加部分营养价值高、适口性好的新鲜饲料。由于新鲜自配饲料的消化率和适口性优于干配合饲料，目前仍然有许多养殖场在使用新鲜自配饲料。

这里仅介绍常用手工计算配方的基本方法。

1. 热量配比法

第一，热量配比法拟定日粮，是以水貂所需代谢能或总能为依据搭配的饲料，以发热量为计算单位，混合饲料所组成的日粮其能量和能量构成达到规定的饲养标准。

第二，对没有热量价值的饲料或热量价值很低的饲料（如添加剂和维生素饲料、微量元素、矿物质饲料、水等）可忽略不计算其热量，以每千克体重或日粮所需计算。

第三，为满足水貂对可消化蛋白质的需要，要核算蛋白质的数量，经调整使蛋白质含量满足要求。必要时也应计算脂肪和碳水化合物的含量，使之与蛋白质形成适宜的蛋能比。为了掌握蛋白质的全价性，对限制性氨基酸的含量也应计算调整。

第四，具体计算时可先算 1 份代谢能，即 418.68kJ（100kcal）中各种饲料的相应重量，再按照总代谢能（或总能）的份数求出每只水貂每日的各种饲料供给量，并核算可消化营养物质是否符合水貂该

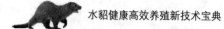

生产时期的营养需要；最后算出全群水貂对各种饲料的需要量及其早、晚饲喂分配量，提出加工调制要求，供饲料室遵照执行。

2. 重量配比法

第一，根据水貂所处饲养时期和营养需要先确定1只水貂1日应提供的混合饲料总量。

第二，结合本场饲料确定各种饲料所占重量百分比及其具体数量；核算可消化蛋白质的含量，必要时需核算脂肪和碳水化合物的含量及能量，使日粮满足营养需要的要求。

第三，最后算出全群水貂对各种饲料的需要量及早、晚饲喂分配量，提出加工调制要求。

第四节　水貂饲料加工新技术

一、调制前准备工作

① 首先对将要调制的饲料品质及卫生指标进行鉴定。疫区的动物饲料和霉变、腐烂变质的饲料禁止饲喂。遇有大量饲料质量有问题时，应及时请示主管技术人员或场领导处理，不能盲目进行加工调制。

② 新鲜的动物性饲料先用水充分洗涤，再用0.1%的高锰酸钾溶液消毒，然后用清水冲洗。

③ 去掉肉类饲料中过多的脂肪。

④ 动物的胃、肠、肺脏、脾脏等要高温煮熟后冷却备用。

⑤ 鱼类饲料或咸干鱼饲料，要先用水浸泡，洗掉表面的黏液和去掉盐分再用。

⑥ 蔬菜要先去除腐烂部分和根部，再用0.1%的高锰酸钾溶液消毒，然后用清水洗净，切成小块备用。小白菜有苦味，菠菜含草酸较多，最好用开水烫一下再用。

二、水貂饲料加工新技术

1. 动物性饲料的加工新技术

动物性饲料一般要经过切碎或绞碎后直接生喂，因此保证饲料原料的新鲜至关重要。破冰、绞肉、搅拌、传送等专门的貂饲料加工调制设施与设备的出现，打破了原有饲料加工过程中一些陈旧的方法和理念，如冷冻饲料原料要提前解冻等。目前，水貂饲料加工厂在饲料加工调制中，冷冻饲料可利用破冰机破冰直接低温加工，避免了解冻过程中微生物在饲料中的滋生。调制好的饲料应尽快饲喂，不宜在饲料室久放。

2. 植物性饲料的加工新技术

谷物饲料使用前要将其粉碎成粉状，去掉粗糙的皮壳。最好数种谷物搭配使用（目前多用玉米面、大豆面、小麦面按 2∶1∶1 混合），传统上将混合的谷物饲料制成窝头。现在常对植物性饲料进行膨化处理。膨化过程中的热、湿、压力和各种机械作用，能够提高饲料中淀粉的糊化度，破坏和软化纤维结构的细胞壁部分，使蛋白质变性、脂肪稳定，利于消化吸收，提高饲料的消化率和利用率。同时，脂肪从颗粒内部渗透至表面，使饲料具有特殊的香味，有利于增加水貂的食欲；膨化腔的高温、高压处理，可杀死饲料原料中多种有害病菌，使饲料满足有关卫生要求，从而有效预防消化道疾病。膨化颗粒饲料含水量低，可以较长时间贮藏而不会霉烂变质。

对植物性饲料也可以进行发酵处理。发酵可以改变原料特性并提高饲料利用率，如酵母菌等微生物能分解蛋白质，把蛋白质变成更容易被动物吸收的小分子肽类，能够产生有机酸和 B 族维生素等促生长因子；发酵饲料可以改善饲料适口性，补充益生菌，抑制肠道中有害菌群的生长发育，预防肠道疾病，防止腹泻；发酵饲料还有发酵脱毒的作用，分解或转化抗营养因子；发酵还可以降低饲料粗纤维的含量。

3. 乳制品和蛋类的加工新技术

乳制品即便经过消毒再添加至饲料中仍容易变质，最好制成酸奶加在饲料中。蛋类（鸡蛋、鸭蛋、毛蛋等）均需熟喂，这样除了能防止生物素被破坏，还可以抑制副伤寒菌类的传播。

第六章 水貂健康高效生产管理新技术

人工饲养水貂，是为了获得数量多、质量好的毛皮。为了实现这一目的，必须根据水貂的生活习性、生理需要和遗传特性，为水貂的生长发育与繁殖提供适宜的环境条件和饲养管理条件；并在此基础上，运用遗传学理论，不断培育出人类所需要的新的优良水貂类型。在生产中，如果营养水平不当，会造成水貂绒毛品质变差；光照不合理，会导致水貂不发情。因此，在水貂的生产实践中，应根据水貂消化、繁殖和换毛等生理特点，以及对营养物质的需要情况，考虑不同饲养时期，饲料品种的组成及搭配比例，及时调整饲料品种及饲料量，对不同性别、年龄、生理时期的水貂进行科学管理。

第一节 水貂生产时期的划分

一、水貂生产时期与日照周期的密切关系

依据水貂一年内不同的生理特点而划分的饲养期，称为水貂的生产时期。水貂生产时期与日照周期关系密切，依照日照周期变化而变化。水貂年生产周期起始于秋分，秋分至冬至是日照时间的渐短期，

冬至时白昼时间最短。冬至后白昼时间逐渐增加。但至春分前白昼时间均短于黑夜，故秋分至春分这半年时间被称为短日照阶段。水貂在此阶段主要生理功能是脱夏毛换冬毛、冬毛生长和成熟，性器官生长发育至成熟并发情和交配。这些生理功能均需短日照制约，称为短日照效应。春分过后白昼时间长于黑夜，直至秋分为止，故这半年时间被称为长日照阶段。水貂在此阶段主要生理功能是脱冬毛换夏毛、母貂妊娠和产仔哺乳，仔貂分窝、幼貂生长和种貂恢复，称为长日照效应（参见本书第 14 页第二章图 2-2）。

　　水貂的生产时期严格依照日照周期，因此要为水貂创造良好的自然光照环境条件。饲养水貂必须在适宜地理纬度（北纬 30°以北）内，同时饲养的局部环境和管理行为不要与自然光照变化有相悖之处。如饲养场内不能有人工照明、植树不能过密、短日照阶段不宜把水貂从光照弱的地方向光照强的地方移动，长日照阶段尤其是在母貂妊娠期和产仔哺乳期，不宜把水貂由光照强的地方向光照弱的地方移动。

二、水貂各生产时期的具体划分

　　在水貂的饲养管理过程中，其饲料和生活条件完全由人来提供。人工环境是否合适，提供的饲料是否能满足其生长发育的需求，即饲养管理的好坏，对水貂的生命活动、生长、繁殖和生产毛皮影响极大。因此，必须根据水貂的生长发育特性，对其生产时期进行准确判定，采取适宜的、科学的营养搭配和饲养管理，才能提高水貂的生产力。为了便于饲养管理，根据水貂季节繁殖、换毛等生物学特点，可将全年划分为不同的饲养时期（表 6-1）。

表 6-1　水貂各生产时期的划分

月份	1	2	3	4	5	6	7	8	9	10	11	12
成年公貂	准备配种后期		配种期	恢复期	维持期				准备配种前期		准备配种中期	
									冬毛生长期			

续表

月份	1	2	3	4	5	6	7	8	9	10	11	12
成年母貂	准备配种后期		配种期	妊娠期	产仔哺乳期	恢复期	维持期		准备配种前期		准备配种中期	
									冬毛生长期			
幼龄貂					哺乳期	育成期			准备配种期（种用）			
									冬毛生长期（皮用）			

注：生产时期的划分关键节点是秋分、冬至、春分等节气，最根本的是光照时长，表中的月份只是笼统划分。

从9月下旬（秋分）到翌年2月末为准备配种期。这一时期经历5个月，根据水貂性腺发育速度和管理重点不同又进一步划分为准备配种前期、准备配种中期和准备配种后期。准备配种期光周期的变化规律是白昼逐渐缩短，黑夜逐渐延长。冬至以后黑夜逐渐缩短，白昼逐渐延长。光照时间由长到短再变长的周期变化可刺激水貂性腺发育。到2月末3月初，当光照达到11h以上，水貂发情求偶，进入配种期。约经20d，配种结束，公貂进入恢复期，母貂进入妊娠期。4月底至5月初，母貂产仔，同时泌乳哺育仔貂，经40～50d，仔貂就可以分窝，进入育成期，母貂进入恢复期。9月下旬，即秋分以后，幼龄貂和成年貂生殖器官逐渐发育，夏毛脱落，冬毛长出，进入了第二年的繁殖周期。

水貂年生产周期中各生产时期的划分，是对种群而言，但个体间会存在参差不齐和互相交错的情况。如先配种的水貂，有的已进入妊娠期或产仔哺乳期，而后配种的水貂可能仍在配种期或妊娠期（尤其是采用控光养母貂技术时差别更明显）。本时期划分考虑了水貂群体大多数个体所处的生产时期，因此对整个貂群的绝大多数个体饲养管理有利。

水貂的每个饲养时期不能截然分开，彼此互相联系又互相影响，但都是以前期为基础的。全年各生产时期均重要，前一时期的管理失利会对后一时期带来不利影响，任何一个时期的管理失误都会给全年生产带来不可逆转的损失。但相对来讲，繁殖期（准备配种期至产仔哺乳期）更重要一些，其中尤以妊娠期和产仔哺乳期更为重要，是全年生产周期中最重要的管理阶段。如在准备配种期饲养管理不当，尽管在配种期加强了饲养管理，增加了很多动物性饲料，也难取得好效果。只有重视每一时期的管理工作，水貂的生产才能取得好成绩。

第二节 准备配种期的饲养管理

准备配种期从 9 月下旬（秋分）开始至翌年 2 月份为止，历时约 5 个月。因为水貂准备配种期时间长且性腺发育速度前后不一致，因此为便于饲养管理，准备配种期又分为 3 个阶段：9～10 月份为准备配种前期，11～12 月份为准备配种中期，翌年 1～2 月份为准备配种后期。

准备配种期是配种期的基础。此时期饲养管理的好坏将直接影响水貂生殖器官的发育，影响种貂的发情、交配与受孕。准备配种期是全年水貂生产成败的关键基础时期。

准备配种期的重要任务就是做好选种工作、调整种貂体况、促进种貂生殖系统的正常发育、确保种貂换毛与安全越冬。

一、准备配种期的饲养

1. 准备配种前期的饲养

准备配种前期正是日照逐渐缩短的短日照阶段的初期。此期全群水貂的特点是性腺开始发育，脱夏毛长冬毛，体内开始囤积脂肪以备越冬。不同水貂的具体状况不同，饲养管理的主要任务也略有不同。成年公貂体力已恢复较长时期，可维持正常饲粮，保持繁殖体况。成年母貂经妊娠、产仔、哺乳，体力消耗较大，又经过夏季的食欲不振，这个时期的主要任务是增加营养，提高膘情，为越冬做好身体储备。当年幼龄貂仍处于继续生长发育阶段，这个阶段的主要任务除了要满足水貂换毛的营养需要，还要满足生长需要。由于日照时间变短和气温逐渐下降，水貂食欲旺盛，为使种貂安全越冬并为性器官发育提供营养物质，应适当提高日粮标准和动物性饲料比例，特别是要保证日粮中有充足的可消化蛋白质（每日每只貂供给 20～28g），且日粮中应富含蛋氨酸、胱氨酸和精氨酸。同时，要给予适量的可消化脂肪，每天每只貂应达 10g 以上，但不要超过 20g。日粮标准：代谢能为 1045～1128kJ，可消化蛋白质 20～28g，可消化脂肪 10～15g，动物性饲料为 70%，日粮量为 220～250g。一般常供给的日粮是：动物性饲料 110～150g、谷物饲料 25～35g、麦芽 11～20g、蔬菜 27～37g、酵母 1～1.5g、食盐 0.5g。动物性蛋白质应以海杂鱼为主，再适当搭配一些肉类及下杂；谷物饲料所含成分为：玉米面 70%、黄豆粉 10%、小麦粉或麦麸 20%。除此之外，还应适当补充些骨粉。

种皮貂分开饲养后，也要给予不同的饲料。对于当年幼种貂，生长发育尚未结束，所以，要给予全价蛋白质，动物性饲料以海杂鱼为主。另外，秋分以后，随着生殖器官的发育，应适时补充繁殖所必需的维生素饲料。

2. 准备配种中期的饲养

准备配种中期水貂性腺明显发育，幼龄貂的生长基本完成，换毛于 12 月上旬完成并可取皮（埋植褪黑素的水貂提前 1 个月取皮或埋植褪黑素后 80～100d 取皮）。准备配种中期的饲养主要是维持营养、调整膘情，但必须参考当地、当时的气候条件。在我国冬季十分严寒的北方，应适当调整膘情，主要是防止过瘦，以保证越冬储备和代谢消耗的需要；而在冬季不太寒冷的地区，应保证体况适中，主要是防止出现过肥和过瘦两极体况。可消化粗蛋白质每日每只不能低于 20g，一般在 25g 左右。最好增加少量的脂肪，并在日粮中添加鱼肝油和维生素 E。切不可只顾当年取皮工作，而忽视和放松对种貂的饲养管理，对下一年的生产产生不良影响。

3. 准备配种后期的饲养

准备配种后期正是种貂性器官和生殖细胞（精子、卵子）全面迅速发育，直至成熟和发情的时期。1 月公貂附睾内已有精子贮存，母貂已有发情表现。这个时期主要是调整营养，平衡体况，促进生殖器官的迅速发育和生殖细胞的形成。在冬季十分严寒的北方，虽然前段尽力维持营养和膘情，但因饲料冻结，影响水貂采食，仍然难免有不少个体膘情下降，故仍应调整体况，使其适中或略偏上。因此，在日粮标准的掌握上，虽然数量不需要增加但质量需适当提高。在冬季不太严寒的地区，此期水貂体况易于上升，体重增加，应防止过肥现象。此时能量标准可适当降低，但营养价值亦应提高。这是因为1～2月份是水貂生殖器官和生殖细胞（精子、卵子）全面发育、成熟的阶段，需要全价的蛋白质和多种维生素。在公貂日粮中，应当增加蛋、肝等营养价值高、对精细胞发育有促进作用的饲料。这时期动物性饲料占75%左右，而且由鱼类、肉类、内脏、蛋类等组成，谷物饲料占20%～22%，蔬菜可占2%～3%或更少。此外，每只每天还应该供给鱼肝油1g（含维生素A 1500IU）、酵母4～6g、麦芽10～15g、大葱（每隔2～3d投喂1次，每只1～2g）等。饲料总量约为250g，蛋白质含量在28g左右。也可在日粮中添加维生素和微量元素添加剂。

因为准备配种期大部分时间处于寒冷季节，为防止饲料冻结，便于水貂采食，一般日喂2次，早饲40%左右，晚饲60%左右。饲料要加工浓稠一些。

二、准备配种期的管理

准备配种期的饲养管理工作主要是种貂复选、精选，调整种貂体况，做好配种的准备工作等。

1. 种貂复选

种貂复选工作是准备配种前期的主要管理内容。此时正是水貂秋季换毛明显的时期，水貂换毛的早晚和快慢是个体对日照周期变化敏感性高低的直观体现，并与翌年的繁殖力息息相关。因此，此时做好种貂复选工作是常年选种工作中很重要的一个环节。水貂的夏毛粗糙缺乏光泽，颜色也比较浅和陈旧，而新生冬毛色泽深黑和艳丽。以尾尖、躯干两侧先脱换，而头部、尾根部较迟，鼻端、耳缘最后脱换。至10月中旬前正常换毛的水貂，周身夏毛应脱落完毕。

种貂复选是根据生长发育情况、体型大小、体重高低、体质强弱、绒毛色泽和质量、换毛早晚等，对成年公貂和幼貂进行选择。一般选择生长发育好、体型体重在品种标准优等范围、体质强、绒毛色泽质量好、换毛早的公貂留为种用。公貂标准体重为2kg以上，不超过2.5kg；母貂为1.2kg以上，不超过2kg；水貂应健康好动，头身比例合适，头眼灵活，全身乌黑发亮，腹部没有白色垂直线，没有白嘴巴，公母毛色要一致，绒毛和针毛齐全，绒毛要厚，针毛要长，吃料饮水正常，无掉毛、食毛、咬尾表现，健康无疫病。

种貂复选工作结束以后，种貂要公、母分开单独饲养。应将种貂集中到笼舍的南侧饲养，以便让种貂接受充足的光照。

2. 种貂精选

种貂精选工作是准备配种中期的主要管理内容。

此时已经进入冬季，天气日渐寒冷，水貂冬毛逐渐成熟。对于冬毛成熟晚和食欲不佳、患病而体质瘦弱的个体一律淘汰作皮貂处理。

检查母貂阴门，发现阴门位置离肛门太近或太远，阴门口狭小或扭曲等畸形者，要及时淘汰取皮；对种貂逐只进行生殖器官形态检查，触摸公貂睾丸，发现单睾、隐睾、体积太小而发育不良者及时淘汰取皮。正常情况下，大约有5％的公貂睾丸存在发育问题，必须淘汰，所以在留种时，应该额外多选择5％～10％的种公貂。

在屠宰取皮前，根据水貂的绒毛品质，即颜色，光泽，针毛、绒毛长度和细度，底绒丰厚程度，以及体型大小、体重高低、体质类型、体况肥瘦、健康状况、繁殖力强弱、系谱和后裔鉴定等综合指标，逐个对种貂进行对比，选优去劣。优的留作种用，对选定的种貂，要统一编号，建立系谱，登记入档。而劣质的则当作皮貂屠宰取皮。种貂的性别比例因色型而异，一般标准貂公母1：(3.5～4)，白彩貂1：(2.5～3)，其他彩貂1：(3～3.5)。种貂群的构成，因为成年貂的繁殖力强，所以，成年貂占70％左右，当年生种貂不宜超过30％，这样有利于稳定生产。

3. 防寒保暖

在入冬前检修小室并絮入干燥的防寒垫草，或覆盖防风罩，对小室进行保温，减少种貂抵御严寒的热能消耗，减少疾病的发生，利于安全越冬。要注意经常检查小室中垫草的情况，及时添加垫草，并保持小室的洁净。因为水貂在寒冷的季节最怕小室污秽潮湿，在这样的不良环境中，易患呼吸道等疾病，还增加其抗寒的热能消耗（温度每降低1℃，每只水貂每天额外需要2g饲料），不仅造成饲料的浪费，又易造成水貂体质消瘦而影响健康。

4. 体况鉴定

种貂的体况与繁殖性能密切相关，过肥或过瘦都严重影响水貂的发情排卵和妊娠。水貂体况的调整最好在 8 月末至 9 月初复选分群后就开始进行，使其到翌年繁殖期前一直保持良好体况。但在实践中，水貂在 11 月份取皮后，一般都很胖，所以留种的种貂应该在 2 月底之前调整至理想体况。公貂体况应该达到中等略偏上水平，母貂应该达到中等略偏下水平。目前水貂体况的鉴定方法有目测法、称重法、体重指数法和目测与触摸结合评分法。

① 目测法　在光线良好的条件下，观测者站在水貂饲养棚外侧笼网旁，用物品逗引水貂在笼中靠近网壁处站立，使其两后肢呈自然分开状态后进行观察。根据水貂的整体形态、腹部和腹股沟等部位特征及行为特点，将水貂分为肥胖型、适中型和瘦弱型 3 种体况。水貂躯体圆胖丰满，腹围大于臀围，后腹部凸出，脂肪堆积明显，并向腹股沟部下垂，行动笨拙，反应迟钝为体况肥胖。水貂躯体前后匀称，运动灵活自然，腹围与臀围平齐或略小于臀围，后腹部平展或略丰满，但不至于向腹股沟部下垂，或腹部略显有沟但不严重为体况适中。水貂躯体细瘦，脊背隆起，弓腰肋骨明显，腹围明显小于臀围，后腹部收缩，腹股沟部明显凹陷呈沟形，活动时多做跳跃式运动为体况瘦弱。

目测法评估水貂体况方便快捷，应该成为每天饲养管理工作的一部分，至少 1 周鉴定一次。随时监测水貂的体况，出现问题可以及时解决和处理，在准备配种后期该方法尤为适用。

② 称重法　最好在 11 月下旬种貂精选时开始进行。每个色型至少称量 25 只有代表性的种貂进行抽样检查。从 12 月至翌年 2 月，每半月称重一次。一般中等体况公貂，体重应为 1800～2200g，全群平均为 2000g 左右。母貂应为 800～1000g，平均在 850g 左右。公、母貂体重分别超过 2200g 和 1100g，即过肥；如果公、母貂分别不足 1700g 和 700g，即过瘦。

由于不同品系或色型的水貂体型大小不同，体重不能绝对反映出体况，采用体重与体长相结合的体重指数法评估更为准确。

③ 体重指数法　用水貂单位体长的重量（体重指数）来评估体

况，计算公式为：体重指数＝体重（g）/体长（cm）。将水貂捕捉、保定在测量平台上，使其身躯自然伸展，鼻端和尾根间的距离（单位为 cm）即体长；再称量活体重（单位为 g），计算体重指数。母貂临近配种前的体重指数在 $24\sim26g/cm$ 时，繁殖力最高。

虽然体重指数法更科学、准确，但是对于养殖数量大的养殖场来说，工作量巨大、费时费力。故在生产实践中常以经验者目测法或目测与触摸结合鉴别。

④ 目测与触摸结合评分法 先进行目测，然后捕捉水貂，用手指尖触摸或手按压肩、肋骨和脊椎等部位，按照表 6-2 的方法进行评分。但随着配种季节的临近，尽量不采用触摸方法评估母貂体况，以免产生应激造成不良影响。体况检测后要记录每只水貂的体况，对有问题的水貂进行标识，以便进一步监测和管理。

表 6-2　水貂体况 5 分制评分方法

体况评分	描述
1 分（过瘦）	水貂体质瘦弱,肌肉减少; 脖子细,身体呈明显的 V 形; 没有体脂,腹部凹陷; 能看到肩骨和臀骨,并且容易触摸到肋骨
2 分（瘦）	水貂脖子细,腰呈 V 形; 没有皮下体脂层; 能容易地触摸到肩骨、臀骨及肋骨
3 分（理想）	水貂脖子细长,身体直; 皮下有一定量的体脂; 能容易地触摸到肩骨、臀骨及肋骨
4 分（稍胖）	水貂脖子粗,身体呈梨形; 不容易触摸到肋骨; 肩骨和臀骨覆盖着中等厚度的脂肪层; 腹部有脂肪垫
5 分（过胖）	水貂脖子粗,胸部稍粗,身形滚圆; 肋骨非常难触摸到; 肩骨和臀骨覆盖着一层中等厚度的脂肪; 腹部和尾部有脂肪垫; 四肢和面部可见脂肪沉积

5. 体况调整

进行体况鉴定后，根据水貂的体况和气候条件调整日粮配方和日粮饲喂量，同时配合其他管理措施以调整到合适体况。

群体调整：在准备配种后期，将全群种貂体况调整到全群基本一致的水平。技术人员从1月初开始视不同群体的肥瘦情况分别加减饲料量。对于需要减肥的群体，使种貂在喂前1h左右都有饥饿感，从而绝大多数都在笼内来回蹿跳运动。这样可以通过增加运动锻炼体质和逐渐减肥。群体体况调整应平稳而循序渐进地进行，忌用严厉饥饿的应急减肥方式，以免影响种貂的健康。对于体况偏瘦的种貂群，要增加日粮中的优质动物性饲料和总饲料量，使其吃饱，同时给足垫草，加强保温，减少能量消耗。

个体调整：由饲养员负责完成。1月初饲养员应对全群个体在其小室箱上做好体况标记，以后至少每周检查一次。

对于需要减肥的种貂，可通过调整日粮，降低能量水平，减少水貂能量摄入（对明显过肥的水貂，可适当减少饲喂量）；短期将其关在运动场内（或人工逗引在笼内运动）增加运动消耗体脂；减少小室垫草，增加水貂抗寒消耗体脂等方式达到减肥目的。水貂是毛皮动物，所以在体况调整即减肥时期，一定要注意绒毛的光泽，如绒毛失去光泽，被毛粗糙，说明是营养不良的表现。由于运动量的增加，渴欲增强，故应保证其洁净饮水的需要。

对于偏瘦的种貂，要适当增加日粮中优质动物脂肪的比例和饲料总量，或在机械喂食的情况下，要在均一打食之后，再给其增加饲料量。同时给足垫草，加强保温，减少能量消耗。对于因病消瘦的种貂，要及时查明病因，治疗后增肥。每天早晨上班的时候观察种貂的体况，以便及时调整措施。个别种貂不论怎样调整体况，始终过肥或过瘦，将影响繁殖和哺乳的成功率，应该将这样的种貂淘汰。

要特别强调，准备配种期不能忽视种公貂的体况调整。因为水貂精子在12月份至翌年2月份形成，肥胖的公貂不育率较高，并且肥胖公貂比中等体重的公貂配种能力低。公貂太过剧烈的减肥对精子的生成也有不良影响，导致繁殖率降低。所以要通过适当的饲养管理措施，使种公貂在配种季节开始前一直保持理想体况。

6. 加强异性刺激，促进种貂发情

1月份下旬和2月份中、下旬，应对全群种貂逐只进行发情鉴定检查，掌握性腺发育水平。水貂达到性成熟后，通过公母接触的异性刺激，能提高中枢神经兴奋性，增强性欲，明显提高公貂利用率。有关试验已经表明，母貂与公貂隔离放置，母貂的卵泡发育得既小又少。所以要根据配种计划，将种公貂笼穿插放置在将要配种的5～8只母貂笼舍之间，既可加强种公貂和种母貂间的异性刺激，又便于配种工作的顺利进行。也有人从配种前10d开始，每天把发情好的母貂用串笼送入公貂笼内，或者手提母貂在笼外逗引，即通过视觉、听觉、嗅觉等刺激促进发情。但是异性刺激不能过早开始，以免降低公貂食欲和体质。

7. 催情补饲

催情补饲指体况调整到理想状态的母貂到配种季节前2周，每天只提供维持需要量的80%，到配种前3～5d开始将日粮量增加到维持量的150%。国外许多试验表明，这种催情补饲能够增加排卵数量，平均每窝可多产1只仔貂，而且以青年母貂催情补饲效果最好。因为精子在12月份至翌年2月份形成，所以催情补饲对公貂没有效果。

8. 光照管理

由于水貂生殖系统发育成熟和交配依赖于短日照的周期变化过程，即从上年昼夜相等的秋分开始，逐步走向日照的最低点冬至，然后，再慢慢地回升到翌年昼夜相等的春分，当日照达到11h 30min时才开始配种，达到12h以后配种陆续结束。因此，在管理上可以对公貂进行控光，以提高种公貂的配种能力。

配种前30～40d有计划地对公貂进行增光，保证每日11h 30min的日照时间。经过光照，水貂性欲高、配种能力强、精液品质好。特别是美国短毛黑公貂，效果较明显。公貂利用率达到98%，配种次数最低9次，最高控制在17次。

特别注意的是，对于不理解光控原理和不能严格执行既定光照制度的养殖场不建议人工控光。

9. 做好配种的准备工作

根据选配原则，做出选配方案和近亲系谱备查表，大型的养殖场应做出配种方案；准备好配种登记表（存档用）和配种标签（临时贴在小室上用）；准备好各种工具物品，如捉貂手套、捕貂笼（箱）、显微镜、记录本等。做好饲养人员的技术培训和劳动组织安排工作。

10. 制订配种计划

制订配种计划要有三个目标：一是配种计划要有利于不断提高水貂的质量，主要是绒毛的质量；二是适当安排亲缘选配；三是合理利用公貂，保证配种顺利进行，防止漏配，减少空怀，提高繁殖率。

经过每年精心的选留种貂，所留的种貂将是可能得到的最优良的水貂群。即使是最优良的水貂，也有如何正确配置交配组合的问题。正确的交配组合能使水貂主要经济性状得到进一步提高，并有很好的繁殖力。制订好配种计划对提高水貂种群品质、提高生产水平和经济效益都有重要意义。

指导制订配种计划的主要思想应是不断提高貂群品质。由于绒毛质量等主要经济性状是遗传力高的数量性状，因此在选配时应以品质优良的水貂同质选配为主，也就是要选择品质优良的种公貂与品质优良的种母貂交配。如果有一些品质较差的种母貂，为了完成当年的生产任务，也应采用与品质好的公貂异质交配，绝不能把品质差的水貂进行同质交配。

要做好配种计划只有原则是远远不够的，必须对种貂群的每一头种貂都有清楚的了解，掌握它的绒毛质量、体型大小、毛色深浅等数量性状的优缺点，它们前一年交配组合所产后代的表现，当年生长发育状况，尤其是发情状况等。根据这些资料，一组一组地做好选配方案，不能仅仅依靠种貂编号来制订配种计划。

在提高水貂繁殖力方面，主要考虑亲缘关系，避免近亲繁殖，防止近交退化。

制订的配种计划，在配种时往往由于水貂在交配时有择偶性、拒配等原因，不能完全执行。为了弥补上述现象，每只母貂可以计划 2 只没有血亲关系的公貂与之交配，一只公貂为主，另一只仅在出现拒配或精液品质差时使用。有的水貂养殖场采用分组选配方式。例如，以 3 只公貂为一组，与 10～12 只母貂配种，可以防止因各种原因使配种计划不能完全落实的情况。在执行这种配种计划时，也会有双重交配或三重交配的问题出现。双重交配是指 1 只母貂在配种期内与 2 只公貂交配；三重交配是指 1 只母貂在配种期内与 3 只公貂交配。一般双重交配和三重交配不会提高繁殖力，甚至繁殖力会有所降低。一般不是特殊情况（精液品质差）不能实行双重交配或三重交配。实行双重或三重交配的种母貂所繁殖的后代只能作商品皮貂用。

一是检查种貂系谱，防止近亲交配，使每只母貂有 2 只没有血亲关系的公貂与之交配；二是制定配种方案，公貂绒毛品质优于母貂，公、母貂毛色尽量一致，公、母貂体型一致，最好大体型相配或大体型公貂配小体型母貂，小貂可从中选留来年作种貂，为清楚谱系，应由同一公貂交配。

第三节　配种期的饲养管理

3 月份是水貂的配种期。此期由于受性活动的影响，水貂的食欲有所减退。另外，公貂每天要排出大量精液，母貂要多次排卵，频繁地放对和交配，对种貂特别是公貂体力的消耗很大。因此，配种期饲养管理的中心任务，就是使公貂具有旺盛的性欲，保持持久的配种能力，确保母貂顺利达成交配，并保证配种质量。

一、配种期的饲养

1. 促进种公貂采食，防止体况急剧下降

水貂在配种期由于性活动加强，食欲下降，营养消耗较大，尤其是公貂更为突出，容易造成急剧消瘦而影响交配能力。所以，在饲料上应加强饲料的加工和调制，使日粮必须具备营养全价、适口性强、体积较小、易于消化的特点。其热量标准可按 961.4～1045kJ 计算，动物性饲料占 75%～80%，其中应由鱼、肉、肝、蛋、脑、奶等多种优质饲料组成，粮食饲料可占 15%～20%，蔬菜可占 2%～4%。此外，每只每天还应加喂鱼肝油 1g，酵母 5～7g，维生素 E 2.5mg（或清棉籽油 1.5mL，或小麦芽 10g），维生素 B_1 2.5mg，大葱 2g，

食盐 0.5g。总饲料量不宜超过 250g，但蛋白质含量必须达到 23～28g。另外，对配种能力强和体质瘦弱的公貂，每天中午还可单独补饲优质饲料 80～100g，以保持其配种能力。如有配种能力强而又食欲不振者，可用少量鸡蛋、禽肉、鲜肝、鱼块等加少许葡萄糖诱喂。

2. 保持母貂的繁殖体况，防止发生过肥或过瘦的现象

配种期种母貂体力消耗比公貂小。交配受孕后，由于胚泡处于滞育期，受精卵并不附植和发育，营养消耗也不增加。因此，配种期仍应保持其准备配种后期即配种前的体况，防止发生过肥或过瘦的现象，尤其不能使母貂的体况偏肥，否则在妊娠期内不利于为其增加营养。如果配种期种母貂体况偏肥，则妊娠期必然形成过肥体况，这对提高繁殖力是很不利的。

配种期早饲一般在配种后 1h（上午 8：00 左右）进行，晚饲在15：00 进行；有的地方只在上午饲喂一次，上午 10：00 左右。根据各场情况而异。

3. 保证充足和洁净的饮水

必须保证水貂有充足而清洁的饮水、雪或碎冰块，特别对配种结束后的公貂更为需要（公貂每次交配后，口渴极需饮水）。除常规供水外，放对的前后还要各增加 1 次饮水。

二、配种期的管理

配种期是水貂养殖过程中最为繁忙和紧张的时期，也是养殖效益的关键时期。此时饲养员的工作量也是最大的，所以要每天安排好饲养员的工作计划，确保配种工作稳中有序地进行。

1. 建立合理的饲喂制度

此期水貂白天大部分时间放对配种，故饲养制度要与放对配种协调兼顾，合理安排。一般在配种前半期可先早饲后放对，中午补饲，下午放对，下班前晚饲。在较温暖的地区，到配种后半期，可趁早晨凉爽之时先放对，然后饲喂，中午补饲，下午放对和晚饲时间向后推移。无论饲喂制度如何安排，都必须保证水貂有一定的采食与消化时间，早饲后 1h 内不宜放对，中午应使水貂休息 2h 以上，不宜带灯饲喂和放对，以免因增加光照时间而引起水貂发情紊乱，造成失配和空怀。

2. 科学安排配种进度

根据配种计划，结合母貂发情的具体情况，选用合适的配种方式，提高复配率，并应使最后一次复配结束在配种旺期。

3. 创造安静的环境

水貂放对需要在凌晨较寒冷的时候起早进行，所以工作量很大又很辛苦。配种期应讲究提高劳动效率，要按母貂发情时间顺序，于前一天做好次日的种貂放对安排。放对过程中严防跑貂，尽量缩短放对配种的有效时间。放对结束和完成必要的饲养管理工作后，除值班人员外，全场其他人员一律撤离，给种貂创造一个安静的环境，在保证人员休息的同时，也保证种貂的疲劳恢复。初配阶段每日上午只放对1次，复配阶段有必要放对两次时，两次放对时间间隔在 4h 以上，不能频繁放对，同时防止母貂被咬伤。

4. 种公貂的训练和合理利用

水貂具有的强制性交配特点，决定了种公貂在配种工作中的重要作用。因此，提高种公貂的交配率，是完成配种任务的有力保证。

（1）训练种公貂早期参加交配

公貂利用率直接影响配种进度和繁殖效果。在正常情况下，公貂利用率应达到 90% 以上。如果低于 60%，当年配种工作将受到影响。训练种公貂参加交配，是初配阶段的主要任务。

种公貂（尤其是小公貂）第一次交配比较困难，但一经交配成功，就能顺利与其他母貂交配。训练当年小公貂配种，必须选择发情好、性情温顺的母貂与其交配；发情不好或没有把握的母貂，不能用来训练小公貂。训练过程中，要注意爱护公貂，防止粗暴地恐吓和扑打，注意不要被咬伤；否则，种公貂一旦丧失性欲，将很难再利用。训练公貂配种是一项耐心细致的工作，必须善于观察分析，持之以恒。往往在配种期里，后期才开始参加交配的公貂，恰恰能起到突击配种或收尾作用。在训练过程中，应尽量让种公貂在笼网上交配，以便于观察和看管。个别公貂一定要在小室内交配时，要注意小室内垫草不要太多，以免损伤貂的阴茎。

（2）合理利用种公貂

种公貂的配种能力个体间差异很大，一般公貂在一个配种期可交配 10～15 次，多者高达 20 余次。为了保持种公貂在整个配种期都有旺盛的性欲，应有计划地控制使用。在原则上，初配期每天每只公貂只配 1 次，连续配 3～4d 休息 1d；初复配并进阶段每只公貂 1d 可配 2 次，但 2 次间隔 3～4h，连续 2d 交配 3～4 次者休息 1d。整个配种期每只公貂的交配次数最多不要超过 20 次。

① 当年公貂　在管理上，当年的公貂不善于捕捉叼衔母貂，没有配种经验，初配阶段要耐心调教训练其顺利达成第一次交配，之后就可以正常使用了。

② 成年公貂　成年公貂经多次交配后，具有交配经验，但应注意在初配阶段不能滥用，让种公貂保持足够的精力，以适应配种旺期的配种需要。

③ 肥胖公貂　肥胖公貂一般发情较晚，配种前期配种能力差，在爬跨母貂几次后，易出现气喘无力状况，对这种肥胖公貂不要操之过急，可待体重下降后，再发挥其配种能力。

④ 瘦公貂　瘦公貂性欲较旺盛，配种初期有较强的配种能力，但不能持久，如果采取连续配种，公貂体质就会迅速出现衰退从而增加其他公貂的配种负担。为此，对体况过瘦的公貂，应当注意增加营养，初期少安排配种次数，待体质好转后再适当增加配种次数。

⑤ 有特殊技能的公貂　指配种熟练、配种技能强的公貂，如会躺卧交配，母貂后腿不站立或不抬尾也能达成交配的公貂。配种初期应控制使用次数，留作重点使用，以便用它配种那些难配的母貂。

⑥ 择偶性强的公貂　不要过多人为干预或粗暴对待，能配则配，不能配则休息，以防受到惊吓而失去性欲。到配种后期可能会发挥其配种能力。

（3）提高放对效率

主要是掌握每只公貂的配种特点，合理制订放对计划。性欲旺盛和性情急躁的公貂应优先放对，每天放给公貂的第 1 只母貂要尽量是容易达成交配的母貂。公貂的性欲与气温有很大关系，气温增高会引起公貂性欲降低。因此，配种开始时应把公貂放到棚舍的阴面，放对尽量安排在凉爽的时间。阴雪或气温突然下降的有风天气，公貂性欲旺盛，如果是配种旺期，则应抓紧有利时机，争取多配。

5.双重交配和强制交配

双重交配和强制交配是为了提高受胎率而被迫采取的措施。双重交配对于生产皮张影响不大，但由于系谱不清，会给育种工作带来困难。强制交配时要捆绑母貂嘴、腿放对，是在配种后期对仍有发情表现的拒配母貂或难配貂所采取的不得已措施，虽可以收到一定的效果，但是不能在配种的初期或中期采用。否则，将造成大批母貂不孕或失配。

第四节　妊娠期的饲养管理

水貂配种结束到产仔这段时期称为妊娠期。从全群看，从 3 月 15 日以后，水貂陆续转入妊娠期，在饲养管理上也必须要有相应的转变，以适应生产的需要。这个时期，存栏数是全年最少的一个时期，但实际上却是一个非常重要的时期。妊娠期天数因个体差异较大，变动范围为 37～85d，多数为 40～50d，平均为（47±2）d。这是由于水貂受精卵发育成胚泡后并不马上在子宫附植，即胚泡滞育的原因。当进入长日照阶段，卵巢形成黄体后，胚泡滞育期结束，才进入真正的胎儿发育期。胚泡附植并迅速发育至胎儿成熟的阶段，通常为 30d 左右的时间。

妊娠期的母貂新陈代谢旺盛，同化作用加强，其营养需要是全年最高的时期。除维持自身生命活动外，还要为春季换毛、胎儿的生长发育及产后泌乳提供营养。所以，此期要充分满足水貂对各种营养物质的需要，提供安静舒适的环境，确保胎儿正常发育。如果饲养管理不当，会造成胚胎被吸收、死胎、烂胎、流产或娩出后的仔貂生命力不强，给生产造成重大经济损失。

一、妊娠期的饲养

1. 日粮的配合

妊娠前期即 4 月上旬前，因妊娠母貂营养需要不必增加，故仍采用配种期的日粮标准。4 月中旬以后采用妊娠期的营养标准。

妊娠期水貂营养消耗很大，不仅要维持自身的基础代谢，而且还要为胎儿生长发育、产后泌乳和春季脱换绒毛贮备营养。妊娠母貂对各种营养物质的需要，尤其是对全价蛋白质中的必需氨基酸、必需脂肪酸、维生素和矿物质的需要更为重要。因此，日粮必须具备营养全价、品质新鲜、成分稳定、适口性强的特点。其热量标准可定为1086.8～1254kJ，前半期要低些，后半期要高些。动物性饲料要达到75%～80%，而且由多种优质饲料组成，粮食饲料可占15%～20%，蔬菜可占2%～4%。此外，还要按每只每日加喂鱼肝油1g，酵母5～7g，维生素 B_1 3～5mg，维生素 E 3～5mg，维生素 C 20～30mg，骨粉3～4g，食盐0.5g。总饲料量前半期为250g左右，后半期达到300g左右，可消化蛋白质含量达到25～35g。

2. 饲料质量和加工要求

妊娠期水貂抵抗力较低，极易患消化道疾病。因此，要严格把好饲料关及其加工的质量关。妊娠期水貂的饲料要做到：品质新鲜、种类稳定、营养完全、适口性强等。

① 品质新鲜　妊娠期饲喂的饲料必须保持新鲜，冷藏的肉、鱼类饲料贮存期不宜超过半年时间，谷物饲料绝不能有发霉的现象，蔬菜亦不能有轻微的腐烂和变质。绝对不能饲喂腐烂变质、酸败发霉的饲料，否则，必然造成水貂拒食、下痢、流产、死胎、烂胎、大批空怀和大量死亡等严重后果。这个时期还要特别注意沙门菌和大肠杆菌，因为它们易引起孕貂流产。一般不要使用内脏和在屠宰场地面收集的血液及被排泄物污染的副产品以及看起来或闻起来不新鲜的任何可疑的饲料成分。使用家禽和屠宰副产品时，其细菌污染的危险性非常高，所以严格检测这些饲料质量非常重要。将日粮中总的细菌含量减到最少，降低其对母貂免疫系统的挑战，也有助于降低母貂子宫炎的发生率。子宫炎能导致母貂健康指数下降和产仔数减少。

妊娠期绝对不能饲喂含激素过高的动物性产品，如难产死亡的动物肉、带甲状腺的气管和用雌激素化学去势的畜禽肉及下杂等，因其中含有的催产素和其他激素会干扰水貂正常繁殖或导致大批流产。

② 种类稳定　应当制订和落实水貂妊娠期所用饲料的采购计划，各种饲料的数量和质量要保持稳定。否则，饲料种类或质量突变，会影响水貂的食欲和采食，对妊娠造成不良的影响。

③ 营养完全　水貂妊娠期由于胎儿的生长发育，必须提供全价的营养来支持胎儿的生长和防止流产。动物性饲料中除了海杂鱼之外，还必须提供部分肉、蛋、乳、血、肝等含有必需氨基酸的全价蛋白质饲料，并添加各种维生素和微量元素类饲料。

④ 适口性强　通过饲料品种的筛选，保证品质新鲜和精细的加工来增强饲料的适口性。如发现水貂食欲不佳，应马上查明原因，及时调整。

⑤ 供给清洁的饮用水　水是维持水貂体内生理反应的良好媒介和溶剂，参与体内的物质代谢、水解、氧化、还原等生化过程，据统计，1m³ 的水貂体表面积需要 1435g 水，水貂从饮用水中得到的水占14%，从饲料中得到的水占 66%，另外的 20% 从蛋白质、脂肪、碳水化合物分解时得到。水在消化道中主要是由大肠吸收，只有少量的水从粪便中排出体外，体内多余的水分通过肺、肾及皮肤的生理活动而排出体外。供给清洁的饮水不仅是维持生命的正常代谢需要，还是促进排泄、防止传染病的有效措施，应引起饲养人员的重视。

⑥ 饲料的加工调制　在妊娠期更要加倍精心，保证饲料品质的新鲜，各种饲料称量要准确，添加饲料要搅拌均匀。要重视饲料室的卫生管理，加工器械应及时洗刷消毒，防止病原微生物的污染。

一旦按照饲养标准结合天气和体况制定了日粮配方，并在该配方指导下加工调制好日粮，就要保证水貂能够吃进去。如果到下一次饲喂时有大部分饲料还没吃完，水貂体况又不胖时，就要对配方、饲料原料、加工方法和饲喂各个环节进行检查。假如饲料冻结在笼网上，应该将饲料调制得更稀一些，以便饲料能压到笼网下。加一点植物油类的脂肪将有助于饲料的流动，要在下午温度最高的时候喂食，以减少饲料冻结。

二、妊娠期的管理

1.给妊娠母貂创造一个安静的生活环境

水貂进入妊娠期以后，行为变得安稳，经常仰卧于笼网上晒太阳，喜静厌惊。此时最怕外界干扰，烦躁嘈杂的噪声会影响胎儿的生长发育，而且突然的惊响会引起母貂应激反应，严重的可能引起流产。故应尽量给妊娠母貂创造一个安静舒适的环境条件。饲养管理操作时，应尽量避免大的声响或噪声刺激，杜绝外来人员参观。

母貂妊娠期间，谢绝参观是预防传染病的最好措施之一。特别是在春季，气温忽升忽降温度不恒定，流感病毒、巴氏杆菌、痘病毒都可能随着进出外来人员传染。

2. 加强对妊娠母貂的观察

饲养人员进入场内工作的第一件事，就是对全群母貂逐一进行观察。查看母貂采食、饮水情况，以判断出它的食欲。排便情况和精神等是否正常，及时发现患病母貂。如个别母貂出现异常现象，应查找原因并对症处理。如全群母貂普遍出现异常情况，应及时报告养殖场管理者，马上采取相应的技术措施。妊娠母貂最怕出现消化不良和肠炎的症状，即使是轻微的苗头，也不能掉以轻心。

3. 继续控制种母貂的繁殖体况

妊娠期母貂如果不注意控制体况，很容易将母貂养肥，因此必须分阶段地控制种母貂体况。4 月上旬前种母貂仍维持配种的体况，至临产前不论寒冷地区还是较温暖地区都要达到中等或略偏上的体况，这样才有利于发挥其高繁殖力。切忌在临产前把妊娠母貂养成上等体况，否则胎儿发育大小不均，难产增多，母貂产后无乳或缺乳，严重影响产仔和仔貂保活。

4. 适当地增加光照

有规律地控光可缩短平均妊娠期，使母貂集中产仔，提高仔貂 3 日龄成活率。生产上采用的控光法可分为分阶段渐进增光法和一次性持续增光法。

① 分阶段渐进增光法　每只母貂结束配种后分批控光，全群母貂结束配种后实现全群控光。对控光组有规律地延长光照，第 1 次延长光照使光照总时数（自然光照时数与人工光照时数之和）达到 12h 30min，以后每隔 7d 使光照总时数增加 30min，直至达到夏至自然光照时数保持不变，一直持续至超过半群母貂产仔时结束人工光照，只接受自然光照。控光过程中，每日在日落前 15min 开灯延长光照，但不计入光照总时数。科学制订光控方案，并认真执行；增光的实现要结合养殖场所在地的日出日落时间进行设定；通过日出日落时间计算

出自然光照时长，再通过所设定接受光照总时长，相减之后即开灯（增光）时长；开灯时间应在天黑前的 15～20min，阴天时可再提前些，但不计入增光时间，同时要严格按时关灯；增光母貂要远离公貂和未配种母貂，严禁灯光污染；根据实际情况使用遮光布、帘、门等。

② 一次性持续增光法 当 1/3 的母貂配种结束时，开始延长光照。使用 40～60W 的节能灯，离笼顶 65～70cm、间隔 2.5～3m 放 1盏灯。天亮前增加 45min 光照，天黑后延长 45min 光照。每日增光时间相同，即 1.5h，持续到全部母貂产仔完成，结束增加光照。

科学而规律地人工增加或减少光照，对促进繁殖有一定的益处，但盲目和不规律地增减光照，会使动物光敏效应紊乱，造成不可逆转的繁殖失败和经济损失。对于不理解光控原理和不能严格执行既定光照制度的水貂养殖场不建议人工控光。

5. 做好记录

记录母貂编号，饲养的笼舍编排号码，公貂品种和编号，最后一次交配时间，母貂的体况、外表特点、体重、体长、食料量等。

6. 做好产前准备

根据预产期，在临产前 1 周要把母貂的窝箱打扫干净，并用 2%的热碱水洗刷消毒，然后絮入柔软、干燥的垫草。絮草时要把箱内四角和箱底的垫草压实，草的中央做一个窝。窝的大小要适中，窝太小仔貂太集中，母貂没有转身余地，容易踩伤或踩死仔貂。

第五节 产仔哺乳期的饲养管理

从母貂产仔到仔貂断奶分窝是产仔哺乳期（4 月末至 6 月下旬）。此期饲养管理的中心任务是保证哺乳母貂的营养需要，提高母乳的产量和质量，提供仔貂赖以生存和生长发育的环境条件，保证仔貂生长发育，最大限度地提高仔貂成活率。

仔貂生长发育的好坏，主要取决于母貂的泌乳能力，而产仔哺乳期日粮的组成则是影响泌乳量的主要因素。因此，要使母貂能够正常泌乳，提高泌乳量和延长泌乳时间，就必须给予营养全价的日粮，增加催乳饲料。另外，哺乳期母貂应激性强，易受到外界刺激而产生弃仔、咬仔、食仔、泌乳减少等应激现象，直接影响到仔貂成活率。仔貂由于发育不完全，适应环境能力差，需要细心呵护。此期母貂因哺乳仔貂，营养消耗最大，体况逐渐消瘦。因此，在饲养上要全价营养，使母貂能分泌足够的乳汁；在管理上要创造良好、舒适、安静的环境。水貂产仔数较多，往往一胎所产的仔貂数量超出自身的抚养能力。因此，要想提高仔貂的成活率，还必须对仔貂加强人工护理工作。

一、产仔哺乳期的饲养

1. 日粮配合

日粮要维持妊娠期的水平，尽可能使动物性饲料的种类不要有太大的变动。为了促进母貂泌乳，应增加牛、羊乳和蛋类等营养全价的蛋白质饲料，并适当增加脂肪的含量，如植物油、动物脂肪及肉汤等，促进母貂泌乳。

日粮配合必须具备营养丰富而全价、饲料新鲜而稳定、适口性强而易于消化的特点。因此，母貂日粮的热量可按 1045kJ 供给，仔貂所需的部分应另外增加（根据仔貂数、日龄及采食量不断调整）。日粮中的鱼、肉、肝、蛋、乳等动物性饲料要达到 80% 以上，谷物饲料可占 15%～20%，蔬菜可占 3%～5%。此外，每只每天还应补喂鱼肝油 1～1.5mL（含维生素 A 1500～2250IU）、维生素 B_1 2～3mg、维生素 E 3～5mg，维生素 C 20～30mg，酵母 5～8g、骨粉 3～4g、食盐 0.7g。日粮总量应达到 250g 以上不限量，满足母貂对营养的需求，防止其体重过度下降，其蛋白质含量要达到 25～35g。

2. 饲喂制度

母貂产仔后不再控制其体况，亦不再控制饲料量，还应促进其食欲，让哺乳母貂多采食饲料。整个哺乳期每只母貂日均供应饲料量一般达到 500g 左右。常规饲养一般日喂 2 次，最好 3 次。对一部分仔貂还应给予补饲。此时，饲料颗粒要小，稠度要小，但必须使母貂能衔住喂养仔貂。饲喂时，要按产期早晚、仔貂多寡，合理分配饲料，切忌一律平均对待。此外，必须保证饮水充足而清洁，这对泌乳量大的母貂尤为重要。

3. 仔貂补饲

对同窝数量多、20日龄以上的仔貂，在母乳不足的情况下，可于哺乳前用鱼、肉、肝脏、蛋糕加少许鱼肝油、酵母进行补喂，每日1次。但不要全群普遍补喂，也不可1d多次饲喂，以防仔貂吃饱饲料后不吮乳，造成母貂假性乳腺炎（胀奶）而拒绝护理仔貂。

4. 保证饮水

母貂在产仔过程中及产后，饮水量增加，故值班人员应注意产仔母貂饮水盒中的水量，遇有缺水者应及时添加。

水占水貂体重的2/3，水是乳汁中含量最高的成分，为了保证水貂正常泌乳，供给大量饮水，比营养更为重要。实践证明，水貂泌乳与饮水呈正比关系，即饮水量正常的水貂，泌乳能力就强，在泌乳期间保证水貂充分的饮水是调节水貂正常代谢、增加泌乳量的重要条件。

二、产仔哺乳期的管理

1. 昼夜值班

值班人员每2h巡查一次，目的是通过监听及时发现母貂产仔，并在小室上标记产仔时间。及时对落地、受凉、饥饿的仔貂及难产母貂进行救护。产仔母貂饮水盒中的水量不足应及时补加。值班人员必须保持场内肃静，任何操作都要小心、谨慎，避免出现突然的大声响。

2. 注意气候变化

在寒冷的地区，要注意在小室中加足垫草，以利于保温。在温暖的地区，垫草不宜过多。遇有大风大雨天气，必须在貂棚迎风一侧加以遮挡，以防寒潮侵袭仔貂，导致感冒继发肺炎或受寒腹泻而大批死亡。

3. 保持环境安静

产仔母貂喜静厌惊，过度惊恐容易造成母貂弃仔、咬仔甚至吃仔，故必须避免场内和附近出现震动性很大的奇特声音干扰。

4. 搞好环境卫生

搞好小室、食具及饲料加工的卫生。仔貂单一母乳为食期间，其排泄的粪便均被母貂舔舐，故小室内一般较清洁。但仔貂从 20 日龄左右开始采食饲料以后，母貂就不再为其舔舐粪便了。而此时仔貂尚不能到小室外笼网上定点排便，故而排泄在小室内，加之母貂又把饲料叼到小室内喂仔貂，因此小室内很容易污秽不洁，仔貂也容易发生各种疾病。故仔貂 20 日龄以后必须注意小室的卫生管理，及时更换污秽的垫草，保持小室的清洁和干燥。同时要加强饲料加工的卫生管理，加强食具的洗刷消毒，预防疾病的发生。

5. 母貂乳腺的查看与护理，保证仔貂及时吃到初乳

如果发现仔貂吃不饱，就应检查母貂乳腺发育是否正常。泌乳正常的母貂乳头有弹性，乳房非常饱满，轻微挤压就会有乳汁从乳头里排出来。如果母貂乳腺发育不良，其乳腺中乳汁分泌不足或不分泌乳汁，就应将其所产仔貂进行人工哺乳或代养。有的母貂产仔数较多，泌乳量较少，可以选健壮而大的仔貂让其他母貂代养，或是全部分出代养，或在母貂饲料中增加乳类饲料和蔬菜，以促进母貂泌乳。缺乳的母貂大多食欲不振，应当给它们营养丰富、适口性强的饲料，促进其食欲。有的母貂产仔数少，而乳腺又过于发达，乳汁充盈，导致仔貂不能吸住乳头，致使母貂乳腺肿胀疼痛，表现急躁不安，在笼内乱跑或搬弄仔貂，如遇这种情况，可以人工把过多的乳汁从乳房里挤掉，使母貂侧面躺下，并将仔貂放在它的乳头附近，以帮助它们吃奶。当仔貂可以正常吃奶后，母貂就会安静下来，遇到这样的母貂最好再增加几只仔貂让其代养，母貂就不会因泌乳过多、乳房肿胀而急躁不安。如果没有代养的仔貂，要减少母貂日粮中促进乳汁分泌的饲料（如蔬菜和乳类饲料）或减少日粮的饲喂量。

有些初产母貂乳头非常小，新生仔貂不能嘬住乳头而吃不到奶，遇到这种情况，可把日龄较大的仔貂放到该母貂的乳头附近，让这些日龄较大的仔貂吮吸该母貂的乳头，经过这些日龄较大的仔貂用力吮吸几次之后，该母貂的乳头就会拉长变大，新生仔貂就可嘬住乳头吃奶。

6. 加强仔貂的检查、护理、代养

加强仔貂的检查、护理、代养是提高仔貂成活率的重要管理措

施，详见本书第四章相关内容。

7. 加强对病、弱母貂和仔貂的护理

及时发现和治疗患病母貂，如母貂已丧失哺育仔貂的能力，应及早将其仔貂代养出去。遇有患病的仔貂，亦应及时治疗。遇有发育落后的病弱仔貂，应及时查明原因，采用相应的措施。若全窝发育不良，多因母貂缺乳或乳汁质量欠佳，应及时将同窝仔貂代养出去一部分。如个别仔貂发育落后，可能是患病或在同窝仔貂中受欺负的结果，可将其移至比其晚出生的其他仔貂窝中代养。

临产前母貂拔掉乳房周围的毛，产前活动减少，多数母貂产前拒食 1～2 顿，要注意观察母貂，为母貂的生产做好充足的准备。一般顺产持续时间为 0.5～4h，每 5～20min 娩出 1 只仔貂，超过 8h 者，应作难产处理。

出现难产情况，母貂临近产期或超过产期时，如果多次拒食，烦躁不安，频繁进出小室，在笼网上摩擦或舔舐外阴部，阴部流出淡红色污血或鲜血，母貂咕咕叫，搔弄小室，但多时不见仔貂产出，或可见外阴夹着的仔貂等即可判定为难产。也有的精神不振，蜷缩在小室内，体温升高，后肢麻痹，呼吸困难，进入难产后期。可肌注催产素（垂体后叶素）0.1～0.2mL，2h 内仍不产，重复注射一次，再不产应立即实行剖宫产手术。如胎儿娩出一段而久久不下，可将母貂仰卧保定，随其努责慢慢拉出胎儿，擦净口鼻，将先产的一端向上，伸曲仔貂身躯，使其恢复呼吸，同时摩擦体表促进血液循环，数分钟可救活。

三、仔貂日常饲喂管理

水貂从出生到 45 日龄断乳分窝前的哺乳期阶段称为仔貂。仔貂是在发育不完善状态下产出的，其主要生理特点是消化功能弱、体温调节功能差、抵抗力低、对环境变化的适应能力弱、生长发育快、最易死亡。据观察，仔貂哺乳期一般死亡率达 10%～20%，而其中前 5 日的死亡率占整个哺乳期死亡率的 70%。因此，仔貂的饲养管理应根据其生理特点，采取相应合理的饲养管理措施，加强对仔貂的保护技术，培育体格健壮、生命力强的仔貂，提高仔貂成活率。

1. 仔貂的生长发育特点

（1）仔貂个体生长发育特点

① 1 日龄　初生仔貂体重 8～12 g，体长 6～8cm，闭眼，无齿。爪不尖、不硬。未吃乳前鼻镜干燥，吃初乳后鼻镜发黑。粪便呈小条状，黑黄色或黄绿色，排出后立即被母貂吃掉。脐带经 2～3d 脱落。

② 5 日龄　毛色变深，爪略变硬，耳孔未显露。体重约 25g，体长约 9.1cm。

③ 10 日龄　毛色更深，颈上部皱纹增多，被毛长约 2mm，触须长约 2.5mm，爪变硬。母仔貂腹部可见乳头，公仔貂睾丸不明显。体重约 46g，体长约 11.5cm。

④ 15 日龄　被毛长约 4mm，触须长约 7mm。鼻镜有黑痂，齿龈微突。公貂可触摸到阴茎。体重约 73g，体长约 13.6cm。

⑤ 20 日龄　被毛长 6～7mm，少数仔貂长出牙，多数还未长出牙。母貂外阴部明显外突 4～5mm。体重约 100.7g，体长约 15.7cm。

⑥ 25 日龄　长出犬、臼齿，有的门牙亦长出。个别健壮仔貂已睁眼，爪尖而硬。体重约 138.7g，体长约 17.7cm。

⑦ 30 日龄　部分仔貂睁眼，靠近犬齿的 1 对门齿显露。体重约 174.2g，体长约 19.2cm。

⑧ 35 日龄　全部仔貂睁眼，但不会眨眼。公貂睾丸呈椭圆形，明显可见。大多开始采食。体重约 217.6g，体长约 20cm。

⑨ 40 日龄　针毛开始长出，下门齿亦开始生长。体重约 295.3g，体长约 22.9cm。

水貂出生后 24h 内最高的相对生长速率可达 23%。出生后前 10d 内的相对生长速率为 16%，3 周内相对平均生长速率为 12%，4 周内相对平均生长速率为 9%，单个仔貂出生后 1 周内的平均生长速率为 2.9g/d，第三周和第四周时分别为 6.1g/d 和 5.6g/d。

（2）仔貂被毛生长发育特点

随着身体的发育，大量的成体毛在皮肤内开始生长。最早出现成体毛的时间是 22 日龄，一般为 25 日龄左右。最先长出皮肤的是毛球很大的粗壮针毛。随着年龄的增长，新生针毛的数量也不断增加，直至 32～35 日龄时，有大量的绒毛长出体表，此时即有毛束出现，随着成体毛的出现，胎毛逐渐脱落，直至 45 日龄左右，成体毛已遍布全身，其生长顺序为：颈→头→前肢，背→臀→尾→后肢→腹部。由于水貂在胚胎期形成的毛囊原始体，只有一小部分发育成胎毛，而大部分处于休眠状态，所以必须保证仔貂有足够营养，特别是 20～45 日龄间的营养是影响第一次换毛的重要因素。否则，那些处于休眠状态的毛囊原始体发育成毛纤维的速度就会变慢，甚至得不到充分的发育，结果就会达不到其遗传上所能达到的毛密度。营养不良也会影响毛中色素的形成，因为色素的形成需要一定种类和数量的氨基酸，否则会产生分色带的灰毛、白毛和棉毛等。因此，研究水貂胎毛脱换的时间和规律，以便在换毛前饲喂一定数量有利于促进成体毛生长的营养物质，对冬季获得优质毛皮有重要意义。

水貂仔兽被毛的生长速度为 0.26mm/d，22～23 日龄仔兽的纤维长度为（5.45±0.63）mm（公）和（6.20±1.44）mm（母），30～31 日龄时增加到（9.43±1.44）mm（公）和（8.70±1.89）mm（母），而且被毛长度与仔兽的日龄及体重呈高度相关，10 日龄时被毛长约 2mm，15 日龄时约为 4mm，20 日龄时约为 6～7mm。

（3）仔貂脂肪、蛋白质合成的特点

据报道，仔貂的皮下脂肪在第一周内大量增加，5 日龄时其数量为 4.4%，21 日龄时为 5.9%，到 28 日龄时增加到 6.9%，42 日龄时已增加到 7.4%。出生后 3 周内仔貂体内蛋白质、脂肪、能量的合成明显增加，而到第 4 周时蛋白质合成增长速度适中，而脂肪和能量合成出现下降。

（4）仔貂的体温调节特点

仔貂的体温调节特征就是长期的产热不稳定，据报道，产热能力差的原因主要有：①仔貂与产热有关的神经调节机制发育不全；②心肺向产热组织输送氧气和糖类及脂肪酸的能力较差；③产热组织的亚细胞结构和酶代谢等处理营养物质的能力有限；④产热组织的总量较少。当仔貂机体还不能保证体温恒定时，在寒冷环境中体温下降并处于冻僵而昏迷的状态，但可随时借助外来热量恢复过来，这是不具备完善体温调节能力的仔貂的一种应激反应，而不能将其简单地当作"变温动物"。仔貂在 28 日龄时体温调节能力得到相当大程度的发育，

45～46 日龄被毛足够长时达到恒温水平。

2. 仔貂的饲养

（1）促进母貂泌乳

仔貂主要依靠母乳和补饲生存。据报道，1～10 日龄仔貂日平均耗乳量为 4.1g，10～20 日龄仔貂为 5.3g，所以，保证产仔母貂的营养需要和乳汁的质量，对仔貂的成活起着至关重要的作用。乳汁中氨基酸对其身体生长非常重要，乳汁中含量最多的氨基酸是谷氨酸、亮氨酸和天冬氨酸，它们约占氨基酸总量的 44%。支链氨基酸含量高于 20%，而含硫氨基酸含量少于 5%。大多数氨基酸的利用率受仔貂年龄影响。

防止母貂因为泌乳而体重下降，日粮的配合要略高于妊娠后期的水平，应适量增加脂肪和乳、蛋等催乳饲料的补给。饲喂时，要按产期早晚、仔貂多寡，合理分配饲料，切忌一律平均。

（2）人工哺乳

对于刚出生而因为各种原因吃不上奶的仔貂，可以用巴氏杀菌消毒的牛奶或羊奶，加少许鱼肝油临时喂给，然后尽快送给有奶的母貂抚养。由于家畜乳缺少水貂初乳中所含的球蛋白、清蛋白、含量高的维生素 A 和维生素 C、镁盐、卵磷脂、酶、抗体、溶菌素等多种复杂成分，所以单纯依靠牛、羊乳仔貂不易成活。

（3）仔貂代养

如果母貂产仔多，母乳不足喂养所有仔貂，或是母貂母性不强而护理仔貂不周，或母貂泌乳量不足、无乳，或产后患乳腺炎、自咬病等疾病，或母貂死亡时，要找泌乳强、母性好且有能力喂养其他仔貂的母貂代养仔貂。其原则是：①找产期相近、仔貂大小相似的其他母貂代养。②代养者必须是健康仔貂。③代养母貂须母性好、无吃仔恶癖、乳量充足、产仔少（1～4 仔）。④代养时饲养人员手上不应有强烈异味，以防母貂咬仔或弃仔。⑤代养的方法一般有两种。一是同味法，即用代养母貂的仔貂肛门或垫草轻轻摩擦要代养的仔貂全身，使其身上的气味相似（先将母貂诱出小室），然后一次放在窝内，打开小室门，让母貂自行护理。二是自行叼入法，其具体方法是，先用插板封死小室门，在门口放一块木板，然后将仔貂放在代养母貂洞口的木板上，打开小室门，母貂听到仔貂的叫声后会自行将仔貂叼入。这两种方法中，以第一种方法成功率较高。⑥代养后要注意听、检，发现异常，要及时处理。

（4）及时对仔貂补饲

仔貂 20 日龄时，虽未睁眼，但已经会采食母貂叼喂的饲料了。尤其是母乳不足的适时补饲有助于仔貂的生长发育。研究表明，利用仔貂早期极大的生长潜力，采用早期补饲技术，对提高仔貂生长性能、增大皮张尺码具有重要的意义。对仔貂进行补饲，可以提高仔貂成活率、加快仔貂体质发育、减少种母貂发病和死亡，加快母貂体质恢复等。根据水貂的生长发育特点，20～25 日龄时给仔貂补饲流食，即将牛奶和熟蛋黄配制成稀饲料，到 25 日龄时开始饲喂由牛肉和黄花鱼配制成的比之前略稠一些的饲料，待仔貂慢慢适应饲料后，在饲料中增加膨化玉米和预混料，一直饲喂到断奶分窝。结果表明早期补饲可显著增加 35 日龄仔公貂的体重，极显著增加 40 日龄和 45 日龄仔公貂的体重。

仔貂开始采食饲料后，喂给的日粮量应视不同产窝中仔貂的数量和日龄的差别而分别投喂不同的量。注意不要一日多次饲喂，防止仔貂因吃饱饲料而不吃奶，造成母貂胀奶而拒绝护理仔貂。

3. 仔貂的管理

（1）产前的准备工作

刚出生的仔貂个体小，为防止它从笼底网眼中漏到地上，要在母貂产仔前在笼底部加一层密眼的垫网，以防止仔貂落地。不要在母貂产仔后再加，否则会对母貂造成惊扰。

另外要做好小室的消毒和保温。母貂产仔前要对小室和笼舍进行消毒。消毒最好用喷灯火焰消毒，也可以用 1％～2％苛性钠或 3％～5％的来苏水消毒。消毒后的产箱再铺上干燥的垫草。仔貂的体温调节机制在分窝前后才能初步完成，对环境温度变化的适应能力弱，必须依靠环境和母体使体温趋于恒定，所以，做好保温工作相当重要。仔貂生长发育的最初窝温在 30～35℃，受环境影响，仔貂体温降到 12℃时即失去了活力，处于僵直状态，低于这个温度会引起死亡。

保温用的垫草要清洁、干燥、柔软，以乌拉草、软杂草等为好，垫草要弄得松软些不宜用麦秸，因为麦秸质地硬而且易碎，保温效果不好。小室内的垫草对提高仔貂成活率起关键作用。先将草捆打开，将草抖落成交错状的草铺，两手上下夹起草铺从小室上口压入小室内，箱底和四角要压实，侧壁草再弯压在小室的上方，中间留有空隙以便母貂进一步整理做窝。垫草的多少要根据当地的气温高低灵活掌握。

准备齐全供产仔期所用的各种工具，如剪刀、药物、保温袋等。另外还要准备好产仔期的各种记录表格。

（2）保持环境安静卫生

此期间，场内不要大声喧哗或是产生大的噪声，禁止在貂棚内喧哗，特别注意防止在水貂养殖场附近突然发动汽车和鸣喇叭，以免影响母貂产仔；不要随意揭开箱盖查看，也不要用手电筒直接照射产箱，防止母貂受惊而出现咬仔、食仔的现象。

防止母貂过度惊吓遗弃仔貂或吃掉仔貂，谢绝参观。及时清理笼内及小室内的粪便，为母貂及仔貂创造一个安静卫生的环境，并且能预防疾病的发生。

（3）产仔后检查

产仔后检查是产仔保活的重要措施。适时检查初生仔貂健康和吮乳情况，发现异常，及时处理，对提高仔貂成活率、减少仔貂初生时的死亡率十分必要。水貂虽经过一定时间的人工驯养、驯化，但驯化程度低，仍存在较大的野性，尤其是在哺乳阶段。此时，水貂对外界环境敏感、应激性强，受到刺激（较大的异响、强烈光照、人员干扰等）容易产生弃仔、咬仔、泌乳减少等现象。因此，产仔检查要注意听、看、检相结合，尽可能减少对水貂的干扰。

听：是指听仔貂的叫声。水貂产仔后，其仔貂的叫声可反映出仔貂的健康状况。当仔貂的叫声尖而短促、强而有力时，说明仔貂一般是健康的。当仔貂叫声冗长、无力或沙哑，是弱仔的反应。仔貂长时间叫声不停，由尖短有力变为冗长无力、沙哑时，说明仔貂没有吃上奶、窝冷或爬出窝外远离母貂受冻所致。这时应立即开箱检查，并采取果断而适宜的护理措施。

看：是指看母貂的表现。主要看母貂的活动、采食和泌乳情况。母貂表现安静、温顺，食欲好、摄食量较大，除吃食以外几乎都在小室中照料仔貂，很少在笼网活动，母貂乳房周围的毛已拔除，乳头外凸、红润饱满，说明母貂母性好，已哺乳仔貂且仔貂健康。如果母貂频繁出入小室、表现紧张，或在笼网活动不进入小室，说明母貂母性差或泌乳力很差，应及时检查仔貂，并采取相应措施。

检：是指对仔貂进行检查。主要检查有无脐带与垫草缠结现象，有无红爪病，仔貂数量及是否吃上奶等。健康仔貂全身是干的，同窝仔貂发育均匀，躯体温暖，成堆地卧在窝内。拿在手中挣扎有力，全身紧凑，圆胖红润；吃过奶的仔貂鼻镜发亮、周围的毛上甚至鼻尖有灰尘、有的嘴巴里有母貂腹部的绒毛、腹部饱满。浅色型的仔貂隔着皮肤可看到胃肠道内充满黄色的乳块。弱仔在窝中分散，大小不均，胎毛潮湿，体躯较凉，腹部平凹，握在手中挣扎无力。对发生脐带缠结的要及时剪断；仔貂数量过多的，可考虑代养。

当检查小室时，将母貂轻轻引出小室，插上插板。用少量垫草擦手，扒开窝迅速取出仔貂检查，注意不可破坏窝巢。如果仔貂没有吃上奶或是没吃饱奶的，要查明情况，需要代养的需及时找母貂代养。如果母貂乳头周围的绒毛没有自己拔掉，可以人工辅助拔毛。此时主要多观察仔貂，及时发现异常情况，以便及时处理。在一般情况下，只要母貂情绪正常，仔貂叫声正常，就不需要打开产仔箱检查。即使打开产仔箱也不要轻易用手去扒仔貂，以免母貂搬弄仔貂或伤害仔貂。在母貂情绪不正常或产仔数量多的情况下，需要其他母貂代养时，才可以动手搬弄仔貂。

另外，要安排工作人员日夜巡查，对掉落在地上、受冻挨饿的仔貂及难产母貂及时护理。对于掉落在地上的仔貂，要及时捡回，放在20~30℃的保温箱中或放在手中取暖，待体温恢复发出尖叫后送还到母貂笼内，检查仔貂掉出的原因，及时处理。

因难产或受压而窒息的仔貂，可采取心脏按压的方法，帮助仔貂心脏跳动，然后用人工呼吸的方法救助仔貂。母貂因难产死亡时，要立即剖腹取胎，先去掉胎膜，擦干羊水，利用人工呼吸的方法抢救仔貂。注意当把仔貂放入手中取暖时，手上不要有强烈的刺激性气味，如化妆品、香皂、烟味等，防止沾染到仔貂身上而遭到母貂的遗弃。

（4）及时分窝及初选

① 仔貂分窝　仔貂一般在 40～45d 应及时断乳分窝，过早或过晚对母貂和仔貂均无益处。过早对仔貂的生长发育不利；过晚仔貂之间相互争食和咬斗，严重时甚至出现仔貂中强者咬食弱者的行为，并且仔貂多造成笼内产生大量的粪便，不利于环境卫生。另外，因为此时母貂的泌乳量开始明显下降，母仔之间的行为亦开始疏远，由于仔貂已养成了吮乳的习惯，无论母貂有无乳汁分泌，仍经常追随母貂吮乳，引起母貂反感，甚至产生伤害仔貂的行为。因此，分窝对仔貂、母貂来说均是必要的。

如果仔貂在 5～6 周龄断乳，移走母貂，同窝仔貂在原窝室一起饲养 8～10d，然后 1 公 1 母成对放在同一笼中饲养。如果仔貂在 7 周龄断乳，同窝仔貂一起饲养几天，然后分开成对饲养（窝产仔数多的在断乳时可能需要分开）。1 公 1 母成对饲养避免了配对公貂间竞争导致的发育不一致问题。同窝仔貂发育不一致的，可视情况将健壮的幼貂先分出来，弱小的幼貂留给母貂再饲养一段时间，但最迟应在 60 日龄前分出。

断乳前，应做好笼舍的检修，固定、清扫、消毒等准备工作，断乳时应当做好水貂的初选工作。

② 种貂初选　养貂场通常在 6～7 月仔貂分窝前后进行种貂的初选工作。经产母貂和成年公貂主要根据其繁殖能力和繁殖成绩进行选择。需要注意的是，当对水貂繁殖性状进行选择时，应该更注重那些达到最佳窝产仔数而不是最大窝产仔数的母貂。应该对胎产仔数和仔貂死亡率、初生重、育仔能力以及功能乳头数这些重要的亚性状给予更多的考虑。符合初选条件的经产母貂和成年公貂全部留种，幼貂主要根据同窝仔貂数、成活情况、发育情况及双亲的品质，按窝选留，初选要比计划多留 40%。

主要有以下 6 条种用标准确定留种个体：a. 公貂体重 2kg 以上，不超过 2.5kg；母貂体重 1.2kg 以上，不超过 2kg。b. 公貂鼻尖至尾根 45cm 以上，母貂 38cm 以上。c. 健康无疫病、头眼灵活、戏耍好动、吃料饮水正常，无残疾，生殖器官无畸形、无患病史、无食毛症及咬尾病。d.母貂产仔数 6 只以上且母性好；公貂配种能力在 10 次以上。达不到体长标准、出生晚的不能留为种用。e.用过激素者不应留种。f.夏毛未褪全、头身比例失常、有咬尾、食毛症不可留种。选种还要仔细调查引进品种的系谱，避免近亲繁殖。有些患自咬症的母貂产仔数和仔貂成活率比较高，但母、仔貂都不能留作种用，以免遗传给下一代。种公貂与外场调换，相隔得越远越好。初选留种数量要比实际种用数量多 30%，9～10 月份再定留种个体。

（5）仔貂常见病症的护理

① 红爪病　将牛、羊鲜乳加热消毒，冷却到 30～40℃时，加入维生素 C 喂给仔貂，每天喂给维生素 C 50～100mg。

② 脓疱症　将仔貂脓疱挑破排脓，再敷上青霉素，同时每天喂给母貂氯霉素 50mg，或将仔貂另外找母貂代养，可以救活大部分患貂。

据报道，仔貂死亡在全年水貂中占有很大比例，虽然不能防止仔貂死亡，但可通过良好的饲养和管理技术可有效降低死亡率。做好种群水貂的选配工作，拒绝亲缘交配，加强妊娠期的饲养管理，配制新鲜、富含各种氨基酸的蛋白质饲料，水貂分娩前做好产箱的准备和哺乳期的护理工作，这些都能有效预防仔貂的死亡。

第六节　幼貂生长期的饲养管理

幼貂生长期饲养管理的主要目的就是要实现全群水貂都能达到其遗传性能所决定的体型和毛皮质量，从而获得皮张大、质量好的毛皮，与此同时，又能培育出优良的种貂。

仔貂从 40～45 日龄离乳分窝到 8 月底为育成期，在此期间，随着生理发育和生长夏毛，幼貂体长、体重快速增长，到 7 月中旬可达成熟体重的 85%～90%，体长生长已完成；从 8 月底到取皮（12 月份），根据饲养目的（皮貂或种貂）不同又分为冬毛生长期（皮貂）和准备配种期（种貂）。此阶段幼貂体重生长速度下降，此时体重的增长都是脂肪沉积的结果。此期最主要的生长发育是针绒毛的生长发育和生殖系统的发育。

幼貂育成期的饲养管理是其冬毛生长期（准备配种期）的基础，此期饲养管理的正确与否会直接影响水貂体型的大小和皮张的幅度。冬毛生长期（准备配种期）饲养管理的正确与否是决定毛皮质量的关键时期，也是决定生殖系统发育的重要时期。

一、幼貂的生长发育特点及换毛规律

幼貂育成期的代谢特点是生长发育快，体重增长几乎呈直线上升，尤以公貂明显。但仍然可看出有几个不同阶段，在不同阶段中，有时生长特别迅速，有时比较缓慢。

育成前期：分窝后的 50d 或 60d 内，即分窝到 7 月底以前。此期幼貂的食欲非常旺盛，由于营养物质和能量在体内以动态平衡方式积累，机体组织细胞在数量上迅速增加，使幼貂得以迅速生长和发育，这个时期是决定水貂体型大小的关键时期。如在哺乳期经过人工补饲，到 7 月中下旬，幼貂的体长接近于成年貂。

育成后期：分窝后的 60~90d，即 7 月底到 8 月底。此期天气炎热，水貂食欲有所下降，生长发育速度也较为缓慢。

冬毛生长期：指冬毛开始生长到毛坯成熟阶段。分窝后的 90~110d，即 9 月上旬与中旬，皮肤内形成冬季"胚胎毛"，水貂的食欲上升。分窝后的 110~130d，即 9 月下旬到 10 月上旬，冬毛长出，夏毛脱落，生殖系统发育。分窝后的 130~180d，即 10 月中旬到 12 月底，是冬毛生长乃至成熟的时期，此时生殖系统的发育也较为迅速。

准备配种期：此期与冬毛生长期同步，"秋分"是生殖系统发育的扳机（详见本书第四章和本章第二节相关内容）。

总之，分窝后的 60d 内是决定水貂体型大小的关键时期；分窝后的 110~180d 是决定毛皮质量的关键时期，也是决定生殖系统发育的重要时期，这时的水貂食欲旺盛，增长很快。水貂不同月龄的体重与干物质摄入量见图 6-1 和图 6-2。

仔貂从出生到冬毛成熟，其绒毛脱换要经历 3 次，即胎毛换成初期绒毛、初期绒毛换成夏毛、夏毛换成冬毛。其冬毛的生长发育同成年貂，但时间较成年貂稍晚一些。

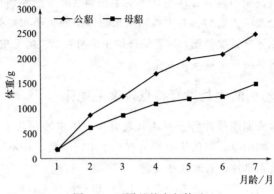

图 6-1 不同月龄水貂体重

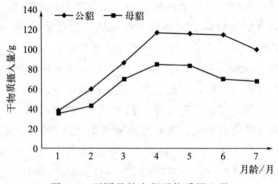

图 6-2 不同月龄水貂干物质摄入量

二、幼貂生长期的饲养

1. 育成前期饲养

此期幼貂代谢的特点是同化作用大于异化作用。幼貂对各种营养物质的需求量大而迫切，生长发育极为迅速，尤其在 40～80 日龄期间，是生长发育最快的阶段。体重增加在 45～75 日龄时最快，到 150 日龄时基本稳定。此期是决定水貂体型大小的关键时期。

此期是幼貂机体组织细胞在数量上迅速增加的阶段，因此对构成水貂机体组织的主要成分——蛋白质的需要十分迫切。要保证蛋白质的营养需要，并保持蛋白质与能量的合理比例。应杜绝能量与蛋白质比例趋高的现象，否则能量偏高，会影响幼貂的采食量，最终造成蛋白质的摄入量不足，影响幼貂生长发育。

幼貂的新陈代谢（包括热能代谢）十分旺盛，对生物氧化的主要燃料碳水化合物和脂肪的需要也比较迫切。这两种营养如果供应充足，不仅对构成机体组织、促进生长发育有重要作用，还能在一定程度上节省蛋白质作为能量的消耗。如果供应不足，势必有更多的蛋白质被作为机体氧化的燃料消耗掉。

育成期幼貂体重增长最快的部分是骨骼，据报道初生水貂骨骼占体重的16%，4月龄时占10.1%，7月龄时占5%左右。骨骼中含钙约36%、磷17%、镁0.8%。由于骨骼迅速生长，对钙、磷、镁等矿物质的需要也大于其他生物学时期。此期，对与蛋白质、脂肪、碳水化合物和矿物质代谢有密切关系的维生素A、维生素B、维生素C的需要量也必然相应增加（尤其是维生素B）。另外，育成期正值夏季，气候炎热，饲料易氧化酸败，所以还应增加生物抗氧化剂维生素E的供应。

此期要不断增加饲料量，能吃多少就供给多少，公貂比母貂要多给30%~50%，对个别发育较差的幼貂要给予照顾，育成前期饲料加工要细，浓度要适宜。水貂每千克体重每日需要可消化蛋白质约30g，其中主要是与生长发育有密切关系的一些必需氨基酸，如组氨酸、赖氨酸、蛋氨酸、苯丙氨酸、色氨酸、异亮氨酸等。为保证幼貂的生长发育，日粮中动物性饲料，如鱼类、畜禽内脏及下脚料、鱼粉、鲜骨粉等不低于65%，谷物饲料可占20%~23%，适当提高新鲜蔬菜的用量，还应加喂维生素、微量元素添加剂，每天每只0.5~0.75mg，或补喂鱼肝油0.5~1mL，酵母4~5g，骨粉0.5~1g，维生素E2.5mg，饲用土霉素11.5g，总饲料量应由每日每只200g，逐步增至350g，蛋白质含量要达到25g以上。

2. 育成后期饲养

7月中、下旬幼貂的体长接近于成年貂。分窝后的60~90d（即7月底到8月底），外界天气炎热，水貂的食欲则有所下降，其生长发育开始变慢。在此期间，日粮保持稳定，应注意采用一些营养价值较低的鱼类饲料，并适当提高谷物和蔬菜类饲料的比例，以达到降低饲料成本的目的。饲料的调制应当稍稀，为预防水貂的酸败脂肪中毒（黄脂肪病）和胃肠病等疾病的发生，还必须做到定期投喂维生素 E（每只每天 35mg）、维生素 B_1（每只每天 2～3mg）、土霉素（每只每天 0.03～0.05g）。

3. 冬毛生长期饲养

进入 9 月份，水貂由主要生长骨骼和内脏转为主要生长肌肉、沉积脂肪，同时随着秋分以后的日照周期变化，将陆续脱掉夏毛，长出冬毛。此时，水貂新陈代谢水平较高，蛋白质代谢仍呈正平衡状态。水貂肌肉中含蛋白质 25.7%、脂肪 9.3% 以上，绒毛则是蛋白质角质化的产物，故对蛋白质、脂肪和某些维生素、微量元素的需要仍是很迫切的。据研究，此时水貂每千克体重每日需要可消化蛋白质 27～30g，尤其需要构成绒毛和形成色素的必需氨基酸，如含硫的胱氨酸（占毛皮蛋白质的 10%～15%）、蛋氨酸、半胱氨酸和不含硫的苏氨酸、酪氨酸、色氨酸，还需要必需的不饱和脂肪酸，如十八碳二烯酸（亚麻油二烯酸）、十八碳三烯酸（亚麻酸）、二十碳四烯酸和磷脂、胆固醇以及铜、硫等元素，这些都必须在日粮中满足供应。

日粮标准的总能量应为 1379～1672kJ，其中可消化蛋白质 30～35g。动物性饲料占 55%～60%，而且要由鱼类、内脏、血液、肉类副产品、鸡兔下杂、鱼粉等品种组成，熟制谷物占 12%～15%，蔬菜占 10%～14%。各种维生素饲料，可由维生素和微量元素添加剂 0.5～0.75g 代替。此外，补喂少许植物油，将会明显增强绒毛光泽与华美度。日粮总量可达 300～400g。

在目前的水貂生产中，普遍存在着忽视水貂冬毛生长期饲养的倾向。不少水貂养殖场企图降低成本，而在此期间采用品质低劣、品种单调的动物性饲料，甚至以大量的谷物和蔬菜代替动物性饲料饲养皮貂。结果因机体营养不良，导致大批水貂出现带有夏毛、毛峰勾曲、底绒空疏、绒毛缠结、枯干零乱、后裆缺针等明显缺陷的皮张，严重降低了毛皮质量，不但减少了生产单位的经济收入，而且也降低了国家出口毛皮的经济效益，对此，必须加以纠正。

4. 准备配种期

由于此期幼貂还未完全发育成熟，其营养需要较老公貂、老母貂高，日粮标准的总能量应为 1045～1128kJ，其中可消化蛋白质 20～28g（参见本章第二节）。

三、幼貂生长期的管理

幼貂生长期要经历夏、秋、冬 3 个季节，所以此期在幼貂的管理上是十分复杂的。饲养人员此期必须要认真做好管理上的各项工作。

1. 断奶分窝要逐渐过渡

由哺乳到独立生活对幼貂来说是一个很大的应激，此时必须认真对待，做好过渡管理工作。仔貂的断奶分窝参见仔貂的饲养管理。过渡管理主要是环境、饲料、饲喂制度的过渡。为了减少应激，仔貂不易直接单笼单只饲养，而是要根据同窝仔貂的体况、性别、摄食能力进行小群（2～4 只）饲养。继续维持哺乳后期饲料和饲喂制度 3d，再逐渐过渡到育成前期的饲料和饲喂制度。

育成前期每日喂 3～4 次，早晚饲喂的间隔要尽量长一些，每次饲喂 1h，饲料以不剩食为原则。如果吃不完，应及时撤出食具，这是育成期减少发病和死亡的有效措施。

2. 训练幼貂定点排泄粪尿的习惯

幼貂分窝后，应将粪便撮起一点，抹在其笼网的前部或前角处，这样分入该笼的幼貂就会把这个地方当"厕所"，养成在此处排泄粪尿的习惯。如个别幼貂仍在小室内便溺时，可将小室内粪便多撮一些放在笼网的前部，并关闭小室门 2～3d，待其养成室外便溺习惯后，再把小室门打开。同时要加强室内外的卫生清扫工作，要求做到小室内外每日应当打扫一次，注意消灭蚊蝇，垫草要保持清洁干燥，一般到 6 月中旬可撤除垫草。但对于体弱和断奶晚的仔貂，可适当延长室内放置垫草的时间。

3. 埋植激素

结合幼貂断奶分窝，对母貂和幼貂进行全年第一次选种工作。选择出来的后备种貂，要集中在一起，以便入秋前后进行复选。被淘汰的母貂应在 6 月、幼貂在 7 月上旬及时埋植褪黑素，以便促进冬毛提前在 9 月上旬至 10 月中旬成熟，提前取皮。用特制的埋植注射器将褪黑素埋植在水貂颈部皮下，切勿埋入肌肉，剂量 1 粒。埋植褪黑素以后，水貂变得贪吃贪睡。

要保证其饲料供应，加强笼舍的卫生管理，发现绒毛沾污或缠结，要及时活体梳毛，注意毛皮提前成熟的情况，成熟后及时取皮。

4. 适时接种疫苗

幼貂从断乳分窝之日起，一定要在断乳分窝的第 15～21d 及时接种犬瘟热、病毒性肠炎和脑炎等疫苗，预防这几种传染病的发生。疫苗的接种时间不宜过早，因仔貂于哺乳期间从乳汁中获得了母源抗体，能降低疫苗的免疫作用。但也不宜接种过晚，因仔貂断乳 3 周后体内的母源抗体就会消失，此时如不及时接种疫苗，就会产生免疫的空档期，容易感染疾病而发生疫情。

5. 加强卫生消毒，预防疾病发生

幼貂育成期正是炎热的夏季，病原微生物活动猖獗，做好饲料室、饲料加工和饲养用具的卫生尤为重要，把住"病从口入"关。夏季的水盒容易锈污和滋生绿苔，应随时洗刷干净，保证清洁饮水。遇有阴天或气候突变时，要注意观察貂群的行为动态，及时发现病貂并加以治疗。

6. 防止幼貂中暑，减少高温对幼貂生长发育的抑制

夏季如果阳光直射幼貂头部，会使其头部温度过高而产生日射病，也会因气温过高导致幼貂体热交换受阻，而导致热射病。热射病和日射病统称为中暑，中暑幼貂的死亡率极高。为防止幼貂发生中暑，必须做好笼舍的遮阳工作，有铁网盖的小室可打开小室木盖通风。在午间最热的时间，要向棚舍内和地面上洒水，通过水分蒸发起到防暑降温的作用，但要注意，洒水不能过多，否则会增加空气湿度，影响水貂散热。有条件的可以在棚内安装电扇，加强貂棚通风。夏季要增加饮水的次数，保证水盒中不能缺水，饮水不足会加剧中暑的发生。要注意饮水的清洁，也可让水貂洗澡散热，笼内加放水盆更好。

夏季高温除了容易使幼貂中暑外，还会抑制幼貂的食欲，减少采食量而影响生长发育。因此，除采取防暑降温的有效措施外，还应把

早、晚喂食的时间尽量拉长一些，赶在凉爽的清晨和傍晚饲喂。早食喂完 1h 后，要及时将剩食清理出来，以防饲料变质。幼貂断乳后，要注意预防胃肠炎和黄脂肪病的发生。

7. 后备种貂的复选

幼貂进入 8 月以后开始脱夏毛，长冬毛。9 月下旬至 10 月上旬即秋分以后正是其被毛脱换的最明显时期，也正是复选种貂的最佳时期。种貂换毛的早晚和冬毛成熟的快慢，与翌年的繁殖直接相关。根据换毛进程选择对光照周期变化敏感性强的个体留作种貂。复选以后的种貂应进行阿留申病的检疫和疫苗接种，然后转入种貂准备配种期的饲养管理，而被淘汰的幼貂则转入冬毛生长期的饲养管理。

8. 笼舍位置调整

水貂冬毛生长和性腺发育是短日照反应，因此在一般饲养中不可增加任何形式的人工光照，所以水貂养殖场内外晚上不能有光源照射，否则会造成内分泌紊乱，影响冬毛生长和性腺正常发育。正常的日光照射有利于性腺发育，而阳光直射紫外线会影响绒毛色素形成，因此秋分后把种貂笼调到貂棚阳面，而把皮貂养在貂棚阴面或较暗的棚舍里，避免阳光直射，以保护绒毛中的色素。

9. 定期抽检

为准确考察幼貂生长发育情况，即饲养管理的效果，于每月末采取随机抽样的方法检查一部分幼貂的体重和体长。如体重和体长达不到要求，应该查明原因，改善饲养管理。幼貂的平均体重见表 6-3。

表 6-3　幼貂平均体重

貂别	日期				
	7 月 1 日	8 月 1 日	9 月 1 日	10 月 1 日	11 月 1 日
公貂/g	750	1130	1450	1650	1800
母貂/g	570	730	890	940	1000

10. 添加垫草，梳理绒毛

秋分以后，水貂开始脱夏毛长冬毛，此时应在小室中添加少量垫草。垫草不仅可以防寒、防潮、减少疾病的发生，而且更重要的是垫草能经常梳理被毛，对防止绒毛缠结、提高毛皮质量具有重要的作用，否则粪便和剩食等则很容易沾污貂的被毛，易使貂的绒毛缠结。另外，垫草自然梳毛同时可刺激皮肤，促进皮肤血液循环，既有利于绒毛生长，又增强对环境的适应能力，减少病害发生。10月份应经常检查换毛情况，遇到绒毛缠结的，应及时进行人工梳理。

第七节　种貂恢复期的饲养管理

准备明年再留作种用的公貂自配种结束后（3月下旬）到秋分前为恢复期。准备明年再留作种用的母貂自断乳分窝后（6月下旬）到秋分前为恢复期。

一、种貂恢复期的饲养

1. 初选、淘汰种公貂和种母貂

种公貂于配种结束后进行严格初选。凡淘汰的公貂，为了节约饲料，降低养殖成本，可以及时取皮。同时应注意，凡是淘汰公貂的后代亦不能留作种用。凡淘汰的母貂，集中于6月上旬埋植褪黑素，以期于9月底至10月初提前取皮。初选合格的种貂，则集中在一起，进入恢复期的饲养管理。

2. 种貂恢复期的饲养

若公貂在恢复期得不到充足的营养，健康状况不能迅速恢复，在下一年常出现发情迟缓或发情不集中、性欲减退、配种次数减少、与配母貂空怀率高、胎产仔数少等现象。严重时可造成种貂死亡。因此，公貂在配种结束后2~4周内，饲料应维持配种后期的营养水平或喂给母貂孕期饲料，饲料供给量较母貂增加1/3~1/2，不宜降低过早或过多。个别瘦弱公貂还应注意加以照顾。当公貂体况恢复后再进入一般的饲养管理，直到进入准备配种期。

种母貂恢复期的饲养管理颇为重要。母貂在历经3个月的配种、妊娠、泌乳过程后，体力和营养消耗极大，体况普遍下降。因此，断乳后的母貂大部分身体瘦弱，抵抗疾病能力较低，容易发生疾病。为了使母貂尽快恢复健康，断乳后母貂的饲料不应立即改变。刚刚断乳的母貂，如乳房仍较膨大充盈，应在断乳的第一周内少喂一些饲料，以防乳腺炎发生。对个别食欲不好、常在小室不愿出来的母貂，每日可多给葡萄糖 1g、维生素 B 10mg、乳酶生 10mg，以促进食欲。泌乳停止后，应继续维持泌乳后期的水平，不控制饲喂量，直至体况完全恢复后，再进入一般的饲养管理，直到进入准备配种期。

二、种貂恢复期的管理

1. 充分认识种貂恢复期饲养管理的重要性

从时间上来说，种公貂的恢复期与母貂妊娠期初期重叠，种母貂的恢复期与幼貂育成期初期重叠。生产上，母貂妊娠期和幼貂育成期初期的饲养管理措施比较多而且很重要，直接关系到养殖场的经济效益，因此饲养管理重心放在了母貂和仔貂上，从而忽视了种貂的恢复。

公貂由于在配种期食欲差、配种任务大、能量消耗剧烈，导致体况下降，尤其是配种能力强的公貂往往配种任务更大，而变得更加消瘦、体况更差。种母貂经产仔泌乳以后，身体的营养经剧烈的消耗，一般都变得瘦弱和营养贫乏。特别是高产母貂，哺乳结束后身体已达枯瘦状态。这时是种貂抵抗力降低、易患各种疾病的脆弱时期。如果饲养管理得当，这些种貂的体况恢复变得迅速，秋季换毛及时，则可保证翌年的再利用。这对组建以成年种母貂为主的繁殖群结构，确保繁殖力的逐年提高或稳定在比较高的水平，是非常有利的。如果饲养管理不当，种貂体况恢复得不好，秋季换毛时间推迟，即使当年繁殖成绩较好的种貂，翌年仍将出现发情推迟、繁殖力降低或丧失的不良后果。故种貂恢复期的饲养管理，涉及翌年种用的价值，千万不能掉以轻心。

2. 防止中暑

种公貂恢复期，气候适宜，维持期要注意防暑降温。种母貂恢复期，进入夏季，气温较高，体况还处于恢复期，更应注意防暑降温。

貂棚要遮阳，场区可适当种植树木，防止太阳直射；加强貂棚通风，提高水貂散热效率；供给充足洁净饮水，一方面通过口腔黏膜、舌面、呼吸道增加散热，另一方面，水貂玩水、洗澡也可以很好地散热、降低体表温度。但要注意，不能通过在貂笼周围大量洒水来降温，这样水分蒸发会增加空气湿度，更不利于水貂散热。

3. 饲养制度调整

随着气温不断升高，充分利用水貂耐寒怕热的特点，调整饲喂时间。早食早喂，晚食晚喂，全天供给充足的清洁饮水。另外，还要注意水貂情绪变化，母貂断乳后思仔心切，饲养员要多逗引、安抚，不能粗暴对待。同时要加强笼舍维修，严防跑貂。在这个时期饲养是否合理，可根据母貂体重的季节性变化和换毛的情况来确定。

4. 供足饮水

6～8月天气炎热，要供足清洁的饮水，保证水盒或自动饮水设备随时都有水。另外，此期微生物滋生很快，为防止水貂发生肠道疾病，饮水中每隔1周左右要加0.01%高锰酸钾，连续饮2天，或添加其他对肠道有预防和治疗效果的抗生素类。

5. 加强卫生管理

夏季天气炎热，饲料容易变质，各种饲料都要妥善保管，防止腐败变质。饲料加工前必须洗涤干净，肉类必须要蒸煮、灭菌后再用。各种工具、食具、饮具都要保持清洁卫生，每天都要及时清洗消毒。貂笼、貂棚地面要随时清扫、洗刷，粪便每天清理并做无害化处理。一是防止蚊虫滋生；二是防止粪便发酵，散发臭味，污染环境；三是防止通过粪便传播疾病。

种貂（尤其是母貂）恢复期身体虚弱，易患各种疾病，要搞好环境卫生，预防疾病发生。饲养员要加强巡视，注意发现患病的种貂，及时治疗。

第七章　水貂养殖场卫生防疫新技术

水貂的疾病防治工作，必须遵循"养重于防，防重于治"的方针，科学地饲养管理，严格执行卫生、防疫制度，降低水貂的发病风险，保证貂群的健康。只有坚定不移把这一方针切实落实到养貂生产过程中的每一环节，才能保证有健康的貂群。否则，貂群容易感染疾病，即使投入了大量人力、物力进行治疗，也免不了有损失，降低了养貂的经济效益。

第一节　水貂养殖场卫生防疫新概念

一、水貂养殖场卫生

水貂养殖场卫生包括环境卫生、饲料卫生、饮水卫生、笼舍卫生、饲料加工室和用具卫生。

1. 环境卫生

环境卫生是指水貂养殖场内外的卫生。水貂养殖场内外应经常打扫，注意环境清洁。水貂养殖场附近的小坑和小水沟都要及时填平，防止积存污水，以防病原微生物滋生；污水沟要及时疏通，使污水尽快流走，不能在水貂养殖场附近积存，污染水貂养殖场环境。

要经常打扫水貂养殖场内外卫生，保持水貂养殖场清洁，减少病菌滋生。夏季要注意做好场内的灭蝇工作，防止把病原体带到水貂养殖场。消灭蝇的最好办法就是管好粪便和剩食；应及时将粪便、剩食清离水貂养殖场，搞好环境卫生，清除一切腐败污物，避免苍蝇滋生。定期在貂粪上、下水道周围等地方撒生石灰，可以彻底消灭蝇蛆，这样苍蝇才能大大减少。也可以在饲料中添加有效微生物，不仅具有驱蝇的作用，还能有效减少貂粪的臭味。

2. 饲料卫生

饲料的采购、运输、贮藏、加工各个环节都必须防止污染，保证饲料新鲜卫生。水貂养殖场不能购进来源不明的动物性饲料，从外地购进动物性饲料时，一定要对当地的疫情考察清楚，不准从疫区采购饲料。大批购进动物性饲料时，一定要经检疫确认无疫病的病原体污染后，方能入库。因感染病原体或不明原因死亡的畜禽肉、内脏不能用作貂的饲料。绝对禁止使用发霉、变质的谷物饲料，水貂吃入变质的饲料常常引起厌食、拒食和感染各种疾病。妊娠母貂若吃入发霉、变质的饲料，往往导致胚胎被吸收、流产、难产或产出死胎和发育不良的仔貂，而母貂往往产后无乳或缺乳，造成仔貂大批死亡。

对饲料采购、使用要层层把关，杜绝因饲料品质不好而出现问题。采购员不得采购腐败变质的饲料，仓库保管员不接收腐败变质的饲料，取料人员不领取腐败变质的饲料，饲料加工人员不加工腐败变质的饲料，饲养员不喂变质饲料加工的饲料。经过制度性的层层把关，防止腐败变质饲料进入养殖场。

3. 饮水卫生

饮水要充足、新鲜。最好使用自动饮水器，可有效避免传统水盒出现落入粪便、尿和食物残渣的现象。采用水盒喂水要勤给勤换，保证饮水卫生。禁止使用死水和污水，因为其中含有很多细菌和寄生虫，水貂饮用这种水以后容易感染疾病。当怀疑水中含有病原体时，要对饮水进行消毒。

4. 笼舍卫生

水貂有藏食习性，常将饲料叼到小室内存放，因此应每天清除小室内积存的剩食和粪便，笼内也应每天打扫。小室内要勤换垫草，尤其是在秋、冬季节，可用于防寒、保暖和吸潮。所用的垫草必须柔软干燥。

哺乳期从仔貂开始吃饲料时起，母貂就不再舔舐仔貂的粪便，仔貂往往又缺乏到室外排便的习惯，将粪便排在小室内，再加上母貂叼食，仔貂争相抢食，很容易将小室内的垫草弄脏、弄湿，所以要求每天按时清理脏草，更换干燥的刨花或柔软的垫草。

笼舍下面的粪便要及时清理。尤其在夏季，粪便清理不及时会发酵，散发臭味，影响环境。同时，也容易通过粪便传播疾病。运出场外的粪便，至少要远离饲养区 100m。对粪便进行生物发酵，利用产生的热杀死粪便中的微生物和虫卵。

5. 饲料加工室和用具卫生

饲料加工室和用具卫生非常重要。鱼、肉饲料是细菌很好的"培养基"，容易成为细菌滋生的场所。所以，饲料加工室地面和墙壁最好用水泥抹成，以利冲洗、消毒。每次加工完饲料，必须彻底冲洗，要消灭每一处死角，使细菌无滋生之地。饲料加工室内绝对禁止存放各种消毒剂和农药，以防加工时不慎投入饲料中使水貂食后中毒。饲料加工室除加工饲料外，不能兼作他用，如宰猪、加工其他产品等，避免将病原带入饲料加工室内。饲料加工室要防蝇、防老鼠。饲料加工工具，如绞肉机等使用后必须及时清洗、保持洁净。

水貂常用食具要保持清洁卫生。防止水貂吃剩饲料，特别是夏季气温较高的时期，防止剩饲料发酵变质、细菌滋生。水盒也应经常洗刷，保证水貂喝到清洁饮水。

二、防疫消毒

1. 控制传染源

某些动物和害虫都可能成为传染病的传染源或媒介，应消灭场内的有害动物（如老鼠、野猫等）和害虫（蚊、蝇）。因传染病死亡的尸体，必须焚烧或深埋。对于患传染病水貂所用的笼舍、用具，排泄物，以及饲养人员的衣服必须严格清洗消毒。水貂养殖场内的出入口、饲料室出入口设消毒池。非养貂人员不得随意进出水貂养殖场和饲料加工室，外来参观人员必须严格消毒后方可进入水貂养殖场。养貂人员的工作服和胶靴禁止穿出场外。

2. 隔离

病貂和患传染病的水貂是引起传染病流行的传染源。因此，从外地、外场引种时，应隔离饲养 2 周以上再进入饲养场内。在隔离饲养观察期间要进行主要传染性疾病的检疫，发现有问题的及时挑出，再进行隔离。从国外引种时，也要在口岸或机场观察 1～2 周，确认无传染病时，方可进入水貂养殖场正常饲养管理。水貂养殖场一旦发生疫情，应马上采取紧急措施，把患病和疑似患病的貂隔离开，必要时可封锁水貂养殖场。

3. 消毒

消毒是预防传染病、扑灭传染源的有效措施。水貂养殖场必须建立严格的消毒制度。消毒可分为预防性消毒、临时性消毒和终末性消毒 3 种。

① 预防性消毒　指在没有明确的传染源存在时，对可能受到病原微生物污染的场所和物品进行的消毒，是为了预防水貂养殖场发生传染病，经常性地定期进行的消毒工作。如水貂养殖场地面定期用生石灰或石灰乳喷洒消毒。每年产仔和仔貂分窝前对笼舍消毒。饲料加工用具、食盆、水盒、饲料桶、饲料加工室和貂棚附近环境等，均应定期消毒。

② 临时性消毒　指在疫源地内存在传染源时进行的消毒，这种消毒通常用于已发生某种传染病的水貂养殖场。可连续或不定期地对病貂排出的粪便，所污染的环境和工具、用具等进行消毒。其目的是及时杀灭或消除病貂或病原携带貂排出的病原微生物。除虫媒传染病外，所有传染病和由微生物引起的疾病，均应进行临时性消毒。临时性消毒可防止传染病继续蔓延。

③ 终末性消毒　指传染源离开疫源地后，对疫源地进行的最后一次消毒。当最后一只病貂痊愈并解除疫情时，为彻底消灭传染源而进行的消毒称终末性消毒。终末性消毒必须做到完全彻底。凡被病貂污染或疑似污染的一切区域、笼舍、工具、食具以及饲养员的工作服等，均应进行彻底消毒，否则就可能留下后患，使传染病再次暴发。

三、预防接种

预防接种是防止传染病发生的有效办法，多在传染病流行季节到来之前进行。

1. 疫苗和菌苗接种

这种接种是对水貂的主动预防，效果好。但是防疫注射后经一定时间才能产生免疫抗体，获得稳定而持久的免疫性。这种免疫措施不仅适用于无传染病的水貂养殖场，也适用于发生传染病的水貂养殖场。例如水貂发生病毒性肠炎时，实行疫苗紧急接种，可以控制该病的流行。这时接种对没带病毒的水貂可以起到预防作用，而对带病毒处在潜伏期的水貂无效，甚至还有加速其病情或促进其死亡的作用。

水貂常用的疫苗有犬瘟热冻干灭活疫苗、病毒性肠炎灭活疫苗、肉毒梭菌中毒症灭活疫苗和铜绿假单胞菌病疫苗等，免疫程序见表7-1。

表 7-1　水貂的免疫程序

免疫时间	预防疫病	疫苗	用法与用量	备注
50～60日龄	犬瘟热	犬瘟热冻干灭活疫苗	按瓶签注明头份，用专用稀释液稀释，水貂每只肌内注射1/3头份	两种疫苗可同时免疫
	细小病毒性肠炎	水貂病毒性肠炎灭活疫苗	水貂每只肌内或皮下注射1mL	
65～70日龄	肉毒梭菌毒素中毒	肉毒梭菌中毒症灭活疫苗	水貂每只肌内或皮下注射1mL	两种疫苗可同时免疫
	铜绿假单胞菌病	水貂出血性肺炎二价灭活疫苗（G型WD005株＋B型DL007株）	水貂每只肌内或皮下注射1mL	

续表

免疫时间	预防疫病	疫苗	用法与用量	备注
配种前 30～60d	犬瘟热、细小病毒性肠炎	犬瘟热冻干活疫苗、水貂病毒性肠炎灭活疫苗	按产品说明的注射方法、使用剂量	

成年貂每年预防接种 2 次。第 1 次在繁殖结束后，即在仔貂断乳分窝后预防注射，继续留种的水貂在第 1 次预防接种后的第 6 个月再次预防接种。幼貂于断乳分窝后的第 3 周内进行第 1 次预防接种。留种幼貂在第 1 次接种后的第 6 个月再次预防接种。如果出现疫病，应先隔离病貂，对未出现症状的可疑群体进行紧急预防接种。

接种时的注意事项：①购买质量可靠疫苗制品，妥善运输保管。运输和保管疫苗中要防止冷冻疫苗暖化和非冷冻疫苗冻结。②不宜使用犬用多价疫苗。③不能使用超过有效期或保管期发生变质的陈旧疫苗。④预防接种疫苗时，要注意严密消毒，每接种 1 只水貂后最好更换 1 次针头，注射器具要严密消毒，防止交叉感染或注射部位感染。⑤预防接种过程中，要准确保证注射疫苗的相应剂量，以产品说明书为准。皮下注射时，不要将注射器针头穿至皮外。⑥预防接种应在水貂群健康状况良好、免疫功能健全时进行。如果水貂群健康状况不良，免疫功能降低，应暂缓进行预防接种。⑦恰遇相应的传染病发生进行紧急接种时，疫苗必须保证质量，并且保证说明书中注明可供紧急接种时使用。

2. 免疫血清预防注射

这种免疫方法是被动免疫，免疫期短，但能迅速见效。在已发生传染病的水貂养殖场兼有治疗作用。水貂常用的免疫血清有巴氏杆菌多价免疫血清、大肠杆菌免疫血清、犬瘟热抗血清、细小病毒抗血清等。

免疫方法以前是注射免疫，现在已经实行喷雾免疫，其方法是免疫时根据小室水貂数量而定，每只貂只需数秒，因免疫时不需要人抓貂注射，其效率比注射提高了数倍。

3. 药物预防

根据水貂养殖场常见病的发病规律和发病情况，在饲料中加入一些药物能有效预防某些疫病的发生。药物对某些细菌性传染病有一定的预防效果，最好定期或不定期给药，应交叉使用抗生素、磺胺类、呋喃类药物。如每周每只在饲料中喂给土霉素1粒，不但能防止饲料酸败，还可预防水貂肠道疾病的发生。

4. 种群净化

阿留申病是一种由阿留申病毒引起的水貂慢性传染性疾病，主要侵害水貂的免疫系统，严重影响种群的繁殖性能，导致仔貂突发肺炎而死亡。该病目前还没有有效的免疫与治疗方法。水貂阿留申病要在种貂检疫的基础上，对检测结果阳性的个体进行淘汰处理，实现种群净化。

第二节　水貂养殖场卫生消毒技术

消毒是预防传染病、扑灭传染源的有力措施。做好水貂养殖场日常消毒工作，对预防水貂疾病发生非常重要。因此，水貂养殖场必须建立严格的消毒制度。

一、常用消毒方法

1. 机械清除

机械清除指通过清扫、清除、水冲、洗刷、粉刷等手段，直接减少病原体的方法。及时清除粪尿可使疾病传播的风险降低90％。

2. 物理消毒法

物理消毒法指利用阳光、紫外线、火焰及高温等手段杀灭病原体的方法。消毒物品如笼舍、垫草、用具、衣物等，置于太阳光下照射，由于紫外线、可视光线和红外线的协同穿透作用，可使病原微生物的蛋白质变性而死亡。饲料室、消毒间等可利用紫外线使微生物遗传物质的活性丧失而达到消毒目的。对笼舍、金属器具、尸体等，均可用火焰进行消毒，此法简便、消毒彻底（包括寄生虫、虫卵等）。对玻璃器皿和金属工具，可用干热灭菌箱，保持160℃ 2h可杀死病原体。对医疗器械和工作服等，可用煮沸消毒。对病料、敷料、手术用具及工作服等，可将其置于高压灭菌器进行高压蒸汽消毒。

3. 化学消毒法

化学消毒法指利用各种化学消毒剂，通过浸泡、喷洒、喷雾、熏蒸等方法杀灭病原体。如利用喷雾器将消毒剂喷出细小雾滴进行喷雾消毒。

4. 生物消毒法

生物消毒法指利用微生物发酵的方法杀灭病原体。主要针对粪便和垫料。如把粪便集中在一起，发酵后用作肥料，利用发酵过程中的高温杀死病原微生物和虫卵。

二、常用的化学消毒剂

消毒剂种类繁多，按其性质可分为醇类、碘类、酸类、碱类、卤素类、酚类、氧化剂类、挥发性烷化剂类等。不同消毒剂的杀菌原理不同，用途和用法也各不相同。

① 漂白粉　常用于对水源、墙壁、地面、垃圾、粪便等的消毒，浓度为 10%～20%，密闭环境中使用效果较好。因其化学性质不稳定，应现用现配。

② 生石灰　干粉常用作通道口的消毒或地面的直接撒布（在湿润状态下才有杀菌作用），乳剂（熟石灰）用于地面、垃圾的消毒，浓度为 20%。因其化学性质不稳定，需现用现配。

③ 氢氧化钠　具有腐蚀性，均可用其 3%～5% 的热水溶液进行消毒。如果再加入 5% 的食盐，可增加对滤过性病毒和炭疽芽孢的杀伤力。氢氧化钠消毒后要用清水冲洗。

④ 高锰酸钾　常用其 0.5%～1% 的水溶液对饲料用具、水食具和某些饲料进行消毒。因其易于分解失效，故需现用现配。

⑤ 福尔马林（甲醛溶液）　常用其 1%～2% 的水溶液对笼舍、工具和排泄物消毒。另外，福尔马林还可用于消毒室蒸汽消毒。筹建一密闭消毒室，将需要消毒的畜舍、笼具、工具、工作服等放入消毒室，使用福尔马林蒸汽进行消毒。

⑥ 碳酸钠　2%～5% 碳酸钠溶液可用于饲料加工器具、水槽、食盒及窝箱的消毒。

⑦ 双氧水（过氧化氢）　常用其 3% 水溶液对深部脓腔消毒。

⑧ 百毒杀　无腐蚀、无刺激，其药效可达 10～14d。可用于水貂养殖场各部分及器具的消毒、貂舍的带貂消毒，也可用于饮水消毒。

⑨ 洗必泰　可用于带貂消毒。使用时应注意勿与肥皂、洗衣粉等阴性离子表面活性剂混合使用。冲洗消毒时，若创面脓液过多，应延长冲洗时间。

⑩ 新洁尔灭　适用于皮肤、黏膜的消毒及细菌繁殖体污染的消毒。最好现用现配，放置时间一般不超过 3d。不要与肥皂或其他阴离子洗涤剂同用，也不可与碘或过氧化物等消毒剂合用。

⑪ 过氧乙酸　有腐蚀和漂白作用，有强烈酸味，对皮肤黏膜有明显的刺激。适用于耐腐蚀物品、环境、皮肤等的消毒。

⑫ 臭氧　臭氧是已知最强的氧化剂。臭氧在水中的溶解度较低（3%），稳定性差，在常温下可分解为氧气。所以臭氧不能瓶装贮备，只能现场生产，立即使用。

⑬ 碘伏　适用于皮肤、黏膜的消毒。缺点是受有机物影响大，对铝、铜、碳钢等二价金属有腐蚀性。

三、水貂养殖场不同部位的消毒方法

① 饲料室、储物室　选择紫外线灯、高锰酸钾、漂白粉是较为合适的。漂白粉使用时关紧门窗效果较好。

② 水　常用氯消毒，含 25% 有效氯的漂白粉 2～4g。污水可在每立方米水中加 6～10g 漂白粉（具体视水的污染程度增减用量），6h后可杀灭水中的病原体。

③ 工作人员和外来人员　养殖场的工作人员，在进入生产区前要更换工作服和鞋，并在消毒池内进行消毒。有条件的养殖场，可在生产区入口设置消毒室，在消毒室内更换衣物，穿戴清洁消毒好的工作服、帽和鞋经消毒池后进入生产区。工作服、工作靴和更衣室定期洗刷消毒。消毒室内一般选用紫外线灯、漂白粉喷雾、百毒杀等，在消毒室呆 5～15min。

工作人员在接触水貂之前必须洗手，应用消毒肥皂多次擦洗手进行消毒；有疫情时应在用药皂洗净后，浸于 1：1000 新洁尔灭溶液内3～5min，清水冲洗后擦干。

④ 水貂养殖场衣物　应对工作服、胶靴及护理用具编号，固定人员使用，不得转借他人。要求勤换、勤洗衣裤，并定期进行消毒。可用 84 消毒液、紫外线照射或福尔马林熏蒸消毒，还可选择煮沸或蒸汽灭菌，除了效果较好外，对棉质衣物还有软化作用，穿着更舒适。有疫情时更应注意工作服和鞋帽的清洁消毒工作，必要时须每天更换。不论平时或疫病时，工作服不准穿出生产区。

⑤ 伤口　包括人的擦伤及貂的咬伤等，常选用碘酊、碘甘油、酒精、双氧水、聚维酮碘等。不可以将消毒液直接倒在伤口上，特殊伤口除外。

⑥ 笼舍　双氧水、过氧乙酸、洗必泰、百毒杀、聚维酮碘都是可以带貂消毒的药剂。火焰消毒主要用于空笼舍的彻底消毒。

⑦ 水貂养殖场地面　石灰、火碱（氢氧化钠）是较为廉价、实用的消毒剂。

⑧ 车辆和工具　装运健康水貂及一般产品的车运工具，先进行机械清除脏物，再清洗，如果能用 60～70℃ 热水冲洗效果更好。装运过病貂（含病毒、细菌）的车辆、工具，除用 1%～2% 热苛性钠溶液进行清洗、消毒外，隔天再用水清洗。如污染严重，病情恶劣，应反复进行有效的清洗消毒。

要想达到满意的消毒效果，一定要按科学的程序进行。单独一次消毒通常都达不到满意的效果，水貂养殖场的环境及饲养设备或用具的消毒要按以下程序进行：清扫→清洗→干燥→消毒→清洗→干燥→再消毒→再清洗→再干燥。消毒过程中的顺序通常从高到低、从一侧到另一侧。除了平时注意预防消毒外，水貂一旦出现发病，还要注意发病时的消毒，当疫病平息后，还要进行一次彻底消毒。

第三节　水貂发病规律及水貂养殖场综合防控技术

在水貂养殖过程中，疫病的发生往往给养殖户带来巨大的经济损失。为了提升养殖效益，应当重视水貂疫病防控工作。面对复杂的疫情形势，水貂疫病防控工作必须坚决贯彻执行"加强领导、密切配合、依靠科技、依法防治、群防群控、果断处置"的工作方针，坚持预防为主，采取综合防控措施。

对于水貂疫病的防控，选址布局、完善设施是前提，科学饲养管理是保障，防疫、消毒是根本，用药治理是补充。必须落实综合防控措施，以杜绝水貂疫情发生。

1. 科学选址，合理布局

选择适宜场地并合理规划布局对于水貂疫病防控十分重要（具体详见本书第三章相关内容）。

2. 完善设施，健全档案制度

养殖场应当配备能够满足生产需要的设施、设备，有通风、降温、保暖、采光、粪污清除等设施、设备。建立健全免疫制度、消毒制度、无害化处理制度、用药制度、疫情报告制度、检疫制度等各项制度，并严格执行。同时，要建立并规范养殖档案。养殖档案要载明水貂数量、品种、来源、系谱、繁殖记录和进出场日期；记录投入品（饲料、饲料添加剂、兽药等）信息，包括名称、来源、使用对象、用量及使用时间等；对于检疫及卫生方面，要详细记录消毒、免疫、检疫情况，以及发病、死亡和无害化处理等情况。

3. 坚持自繁自养，采用全进全出的饲养模式

坚持自繁自养，减少因引种带来的疾病风险。确需引种，必须具有"种畜禽生产许可证""动物防疫条件合格证"，避免疫区引种，同时索要检疫合格证明、消毒证明、发票、合同等。应当做到全进全出，至少做到同栋舍全进全出，以利于消毒防疫，减少应激。

4. 使用优质全价饲料

按照不同饲养阶段、生产性能配备优质全价饲料。不喂霉变饲料，不轻易变更饲料配方，如变更要有过渡期，以减少应激。饲料原料要尽量丰富，不能过于单一。要弥补营养不足成分，添加必要的氨基酸、酶制剂、调味剂、防霉剂、抗氧化剂等。

5. 科学免疫，定期检测

根据流行毒株，制定科学合理的免疫程序和免疫制度并严格执行。按照疫苗说明书规定的保存条件运输、储存疫苗，确保疫苗质量；按照推荐剂量、方法使用疫苗；接种前后禁止使用抗菌药物，注意母源抗体的影响。要做到应免尽免，免疫21d后要进行抗体检测，以后每 2 个月检测 1 次，对抗体水平达不到要求的进行补免。

6. 严格消毒，清除病原

在各门前设消毒池，确保进入养殖场和圈舍人、物均进行过消毒处理。定期清扫，每天打扫圈舍 1～2 次，每周清扫 1 次周边环境。定期进行消毒灭源工作，每周对圈舍和用具消毒 1 次，每月对周围环境消毒 1 次。采用多种方法相结合对养殖场进行消毒，如冲洗、清扫、光照及使用化学药品等。消毒药剂应当根据消毒的目的和对象选择对人畜无害、高效低毒的种类，切忌选择危害生态环境和养殖动物的药剂。保持用具、场地、圈舍及周围环境的清洁卫生，及时清理粪便、污物、垫草及剩余饲料等；对废弃物应当进行无害化处理，可采取焚烧、发酵、深埋等措施。

7. 做好生物安全工作

禁止外来人员进出场区，禁止畜禽混养，禁止将宠物带进场。消灭蚊蝇、老鼠。按要求使用生物制剂，对废弃疫苗瓶做无害化处理。

8. 粪污达标排放，做好病死动物无害化处理

养殖场实行种养结合，打造绿色环保畜牧业。将粪污集中进行无害化处理。严格遵循"干稀分离、雨污分流"的排放原则，不仅避免粪尿污染环境，还可以实现废弃物资源化利用。在病死畜禽处理方面，坚持彻底的无害化处理，遵循"五不一处理"原则，即不宰杀、不食用、不买卖、不贩运、不丢弃和无害化处理。购置和配备无害化处理设施，详细记录处理水貂的死因、数量、体重及处理时间、方法等。疫病流行期间和无害化处理过程中，要防止人畜共患病的传染，注意个人防护。此外，为了防止病原传播，在无害化处理完后，应当及时消毒用具、圈舍、道路等。

9. 合理用药，标本兼治

一旦发病，要及早隔离发病畜禽，并且要及时治疗。要分析病情，查找病因；制定治疗方案时充分考虑畜别、年龄（日龄）、性别、品种、体重、经济用途、发病季节等。合理用药，标本兼治。在对症和对畜的基础上，选用作用快、效果好、副作用小、毒性低、没有配伍禁忌的药物。坚持适畜、适时、适量、适法的用药原则。充分考虑药物的可获取性，应当来源广、当地出产或易于购得，便于非专业人

员使用。

10. 严格执行疫情报告制度

根据《动物防疫法》规定，任何单位或者个人都有义务上报动物疫情，不得谎报、瞒报等。了解疫情、掌握疫情，是控制、扑灭动物疫病的首要条件，是动物疫病控制、扑灭工作必须首先解决的问题。疫情情报的收集、反馈、整理是一项很重要的工作，其中及时发现疫情最为重要；要做到及时、快速，必须建立疫情报告制度，并且要发动全社会共同做好。报告动物疫情后，在动物防疫监督机构人员尚未到达现场或尚未作出诊断之前，应将疑似患传染病的动物隔离，派专人管理；未经兽医卫生监督员或检疫人员许可，不得随意屠宰患病动物，不得剖检尸体，更不能食用。若疑为人畜共患病，应严防传染。

第八章　水貂的取皮及产品初加工

第一节　水貂皮的结构

获取水貂皮是人工养水貂的主要目的之一。目前，在国际裘皮市场有3种大众商品，即水貂皮、狐皮和羔皮，被称为"国际裘皮市场的三大支柱"。其价格和数量的变化成为裘皮市场的晴雨表。

水貂皮是毛和皮肤的统称，它将水貂机体和外界环境隔开，执行着各种保护作用，如保护动物有机体不受机械、化学的伤害及细菌作用，调节水貂的体温等。水貂皮由皮板及被毛组成。水貂的皮肤和其他动物的皮肤一样，由表皮层、真皮层和皮下组织层构成。

一、被毛的结构

被毛是皮肤上的角质衍生物，来自表皮的生发层，是一种坚韧而富有弹性的胶质丝状物。被覆在皮肤的外表，是热的不良导体，有保暖作用。单根被毛可分为毛干、毛根两部分，露在皮肤外面的部分称为毛干，埋在真皮和皮下组织内的部分称为毛根。毛干由外到内又可以分为鳞片层、皮质层和髓质层。

水貂皮上的毛可分为3种，即触毛、针毛和绒毛。

1. 触毛

触毛（锋毛）是水貂的触觉毛，多长在头部的吻端、脸部，是被毛中最粗、最长的毛，弹性强，毛干直而光滑，呈圆锥状。主要有感觉功能。

2. 针毛

针毛是一类呈纺锤形的毛，其毛的远端尖而韧，毛的上中段较粗硬，毛的下部细软。针毛覆盖于绒毛之上，也称盖毛，起导热、防湿和保护绒毛不缠结的作用。

3. 绒毛

绒毛是被毛中最细、最短、最柔软、数量最多的一类毛，起护体保温作用。

二、皮肤的结构

皮肤由表皮、真皮、皮下组织所构成。各部分具有不同的生理机能，并在某种程度上影响毛皮的品质。皮肤厚度一般为 $0.14 \sim 0.3cm$，其厚度随换毛时期而发生变化，水貂不同部位皮肤厚度也不一致。

1. 表皮层

表皮层位于皮肤的最表层，占皮肤厚度的 $1\% \sim 2\%$。水貂皮的表皮层受季节影响较大，冬季较厚，春、夏、秋季表皮层较薄。

表皮层又分为角质层和生发层。角质层由覆瓦状多层扁平上皮细胞构成，是透明角质化的死细胞；生发层由具有直立圆柱形的数层细胞构成，有分裂增生能力。表皮的发育不同个体和不同部位都不相同，成年貂皮比幼貂皮厚，背部皮比腹部皮厚。

2. 真皮层

真皮层位于表皮深层，由致密结缔组织构成，一般占皮肤厚度的 $88\% \sim 92\%$。其胶原纤维和弹性纤维交错排列，使皮肤具有一定的弹性和韧性。真皮层又分为乳头层和网状层。乳头层与表皮生发层毗连，内有毛囊。周围有弹性纤维缠绕，使毛根有一定的强度与弹性。网状层与皮下组织层相连，由胶原纤维构成，并按一定方向排列着。毗连皮下组织处很松软，方向也不规则，因此在毛皮成熟时容易去掉皮下组织。

3. 皮下组织层

皮下组织层位于皮肤深层，是含有脂肪的疏松结缔组织层，占皮肤厚度的 6%～10%。它可分为脂肪层和肌肉层。脂肪层在网状层和肌肉层之间，因此在冬季毛皮成熟时，毛根在真皮层的中上部，所以很容易从此剥离；但在春、秋季脱换毛时，毛根在真皮之下与脂肪层连接，毛皮不易剥离。该层在刮油时可都被刮掉。

第二节　水貂皮的剥制与初加工

一、取皮时间与毛皮成熟鉴定

1. 取皮时间

水貂皮取皮时间是根据冬皮是否成熟而定的。取皮时间因地理位置和饲养管理条件、种类、性别、年龄、健康状况的不同而有变化。各养殖场应根据当地气候条件和实际成熟情况，确定最佳的取皮时间。过早取皮，皮板发黑，针毛不齐；过晚取皮，绒毛光泽减退，针毛弯曲。水貂毛皮成熟的一般规律是：彩貂比纯色貂的毛皮成熟早，老龄貂比幼貂的毛皮成熟早，母貂比公貂的毛皮成熟早，中等肥度的健康貂比过瘦或有病的貂毛皮成熟早。在纬度较低的地区，自然状态下，毛皮成熟有往后推迟的现象。冬毛期饲养管理良好可适时取皮；如果饲养管理欠佳，会使冬毛成熟和取皮时间延迟。珍珠色水貂和蓝宝石色水貂取皮时间一般在 11 月 10～25 日；暗褐色水貂和黑色水貂，取皮时间一般在 11 月 25 日至 12 月 10 日。

冬皮从夏毛开始换成冬毛到成熟一般需要 80～90d。如果采用控光方法提前取皮，取皮时间应规定为从控光开始日期计算 80～90d。水貂埋植褪黑素与控光的效果相同，可以实现提前取皮。在北欧，褪黑素的应用既不提倡也不禁止。在美国，褪黑素埋植时间通常在 7 月份初，经过 100～110d，于 11 月份的第 1 周屠宰取皮，至少饲喂 95d。在我国，通常在埋植褪黑素后 60～75d，根据底绒情况分批屠宰。埋植褪黑素超过 4 个月不取皮，会出现脱毛现象。

2. 毛皮成熟鉴定

水貂处死和取皮的时间是冬皮达到成熟的时候，不管是提前或延后都会影响毛皮的质量。为了适时掌握取皮时间，屠宰前应进行毛皮成熟鉴定。目前，多采用观察绒毛特征、观察皮肤与试剥检查相结合的方法进行毛皮成熟鉴定。

（1）观察绒毛特征

观察活体绒毛时，毛皮成熟的水貂全身夏毛已脱净，特别是臀部（绒毛最后成熟的区域），如果这个部位被毛已换好，说明毛皮成熟。成熟的冬皮从外观看，底绒丰厚，针毛直立，绒毛柔软并富有光泽；尾毛蓬松；颈部和腹部的被毛在身体转弯时，出现一条条裂纹（俗称毛裂），颈部尤为显著。

（2）观察皮肤

将水貂捉住，用嘴吹开绒毛，观察皮肤颜色。当皮肤呈淡粉红色或淡玫瑰色时，说明冬皮确已成熟。

（3）试剥检查

试剥的目的是准确确定皮板的成熟程度。皮板洁白是冬皮真正成熟的标志。在绒毛和皮肤显示毛皮成熟的貂群中选出 1～2 只，进行试剥检查。冬皮成熟的貂皮，皮板呈白色，皮下组织松软，形成一定厚度的脂肪层，皮肤易于剥离，去油省力，即可将此类水貂整群处死剥皮。要特别注意观察尾部的皮板，不完全成熟的皮板往往在尾部留有黑色。还必须注意，彩貂一般皮板内色素较少，应多注意观察被毛的外观。而像黑色突变型水貂，则皮板在成熟时也会有一定的色素。

二、处死方法

在剥皮之前要将水貂处死，处死动物的方法很多，以符合国际动物福利与保护法和操作简便易行、死亡迅速、毛皮质量不受损伤和污染少为原则。我国对于水貂合理的宰杀方法还没有明确的规定，美国兽医学会列出的脊椎动物不允许采取的宰杀办法包括体温过低，体温过高，溺水或离水，断颈，吸入一氧化二氮、环丙烷、乙醚、氯仿等麻醉剂，大剂量使用镇静剂、特定口服药物和麻醉药等。在国际上推荐使用的宰杀方法有以下 3 种。

1. 药物处死法

一般常用肌肉松弛剂司可林（氯化琥珀胆碱）或腹腔内注射巴比妥钠处死。给水貂肌内注射 1％司可林 0.2mL，几分钟内即可使水貂死亡。死亡前水貂无痛苦、不挣扎，因此不损伤和污染毛皮。残存于体内的药物无毒性。

2. 心脏注射空气处死法

一人用双手保定住水貂，使其腹部向上，术者左手抓住水貂的胸腔心脏位置，右手拿注射器，在心脏跳动最明显处穿刺心脏，如见血液向针管内回流，即可注入空气 5～10mL，水貂因注射空气使心脏和中枢神经系统等重要器官的血管发生空气栓塞，血流中断，功能受损坏而迅速死亡。

3. 窒息法

可以用 CO 或 CO_2 使水貂窒息死亡。将水貂放到串笼里，连同串笼层层垛在密闭箱内，通入 CO 或 CO_2 使水貂窒息死亡。

三、取皮技术

处死后的尸体，应置于洁净的盘中或木架上，切勿扔在地面，以免污染毛皮；也不要将尸体堆积在一起，避免闷板脱毛，一般在处死水貂后半小时，待血液凝固后再剥皮。过早剥皮，易出血沾染毛皮；剥皮过晚，则尸体冷凉而易造成剥皮困难。

水貂皮按商品规格要求，剥成筒皮。筒皮要求皮形完整，保持动物的口、鼻、须、耳、后肢、尾部完整无缺。具体步骤如下：

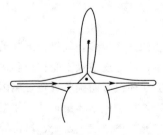

图 8-1　挑裆示意图

1. 挑裆（图 8-1）

用挑裆刀从一侧后肢掌心开始，沿后肢内侧长短毛交界处，向上挑至距肛门 1cm 处，再从另一侧后肢掌心，用同法挑至距肛门 1cm 处。再由肛门后缘沿尾部腹面正中挑至尾的中部，将肛门周围所连接的皮肤挑开，留一小块三角形皮肤在肛门上。将前爪从腕关节处剪掉，或把此处皮肤环状切开。挑裆时，必须严格按长短毛分界线挑正，否则会影响毛皮长度和美观。在距肛门左、右 1cm 处向肛门后缘挑开时，挑刀应紧贴皮肤，以免挑破肛门腺。挑裆时如遇到尾部有伤疤，可沿伤疤处挑开。

2. 剥皮

挑裆后，先用锯末洗净挑开处的污血。然后，剥离后肢，剥到脚掌前缘趾的第一关节时，用刀将足趾剥出，剪断趾骨，使爪留在皮上，并能被皮包住。接着，剥至尾部 1/3 处时，抽出尾骨，将尾皮挑开至尾尖。然后，将两后肢一同挂在固定钩上（倒挂）作筒状向下翻剥，边剥皮边撒锯末或麸皮。剥至头部时要注意保持耳、眼、鼻、唇部皮张完整，剥头部时注意勿割破血管，不要把耳孔、眼孔和嘴角割大。

四、毛皮初加工

1. 刮油和修剪

刚剥下来的鲜皮，皮板上附着油脂、血污和残肉等，必须刮除以后，才能上楦、干燥。剥下的皮张应立即刮油，放置过久，脂肪干燥则不易刮净。

（1）手工刮油

将水貂皮毛向里套在粗胶管或光滑的圆形木楦上，用刮油刀或电工刀由后向前将皮板上的油脂、血污、残肉一段一段地刮掉。刮油时，持刀要平稳，用力要均匀，以免损伤毛囊或毛皮，刮到公貂尿道口和母貂乳房处时，因皮板薄，要轻刮，总之要把皮板上的脂肪全部刮净，而且不要损伤毛皮。边刮边撒锯末，搓洗手指。谨防油脂浸染被毛。四肢、尾部边缘和头部的脂肪难以刮净，可用剪刀贴皮肤慢慢修理剪掉。

（2）机器刮油

利用刮油机，可以提高工作效率。机器刮油由 2 人操作，一人刮油，另一人上皮。刮油人员站在刮油机左后侧，左手固定皮筒，右手握刀，从前向后刮，严禁一个部位刮两次。机器刮油时脂肪易氧化，污染毛皮，所以每刮一张皮，应擦净滚筒，再套另一张皮。

刮过油的皮张，其头部、尾部、四肢等部位的脂肪、筋膜和残肉不易刮净，需用剪刀贴皮肤慢慢修理剪掉，注意千万不能撕拉，防止真皮层受损而脱毛，影响毛皮质量。

2. 洗皮

（1）手工洗皮

手工操作时，用杂木锯末或玉米芯粉反复多次搓洗皮板上的附油，再将皮板翻过来搓洗被毛上的油脂和各种污物。洗的方法：先逆毛搓洗，再顺毛洗，遇到血污或缠结毛要反复洗，直到洗干净为止。锯末要用水拌湿到用手攥不出水的程度。洗完后将锯末抖掉，或用小木棍敲掉，使毛皮达到清洁、光亮、美观的程度，千万不要用麸皮或松树锯末洗皮。

（2）机器洗皮

大量洗皮时，可采用转鼓和转笼洗皮。先将皮板朝外放进装有半湿锯末的转鼓里。转动几分钟后，将皮取出，翻转皮筒，使毛朝外，再放入转鼓中重新洗皮。再将洗完的毛皮放进不放锯末的转笼里去掉锯末。转鼓和转笼的速度控制在 18～20r/min，运转 5～10min 即可。

3. 上楦

洗好的水貂皮必须及时上楦干燥。上楦干燥的目的是使原皮符合商品要求，防止干燥时收缩和褶皱，以及出现发霉掉毛等现象。上楦前要按皮张的长度选定楦板的规格，然后按下列步骤操作。楦板的规格是有严格要求的。

（1）楦板的规格

我国水貂皮楦板按规定分两种，一种是公貂皮楦板，另一种是母貂皮楦板，其规格分别如下：

① 公貂皮楦板　全长 110cm，厚 1.1cm。

第一，由楦板尖起至 2cm 处其宽为 3.6cm；由楦板尖起至 13cm 处其宽为 5.8cm；由楦板尖起至 90cm 处其宽度为 11.5cm。

第二，为使水貂皮上楦后通气良好，在楦板正反两面和两侧开有槽沟。在楦板正反两面，由楦板尖起至 10cm 处开一条宽为 2cm、深为 0.2cm 的浅槽；由楦板尖起至 11cm 处开始，在板面中间开一个宽为 0.5cm、长 71cm 的透槽为中槽；在中槽两侧对称各开一条长为

84cm、宽为 2cm 的浅槽，并与透槽前的浅槽相通。

第三，由楦板尖起在两侧面正中开一条宽 0.3cm、深 0.3cm 的小槽沟；从两侧面距楦板尖端 14cm 处开始，开长 15cm、宽 0.2cm 的透槽与中槽相通。

② 母貂皮楦板　全长 90cm、厚 1cm。

第一，由楦板尖起至 2cm 处其宽 2cm；由楦板尖起至 11cm 处其宽 5cm；由楦板尖起至 71cm 处其宽 7.2cm。

第二，为使水貂皮上楦板后通风良好，在楦板正反两面和两侧开有槽沟。在楦板正反两面，由楦板尖起至 10cm 处开一条宽为 1.5cm、深为 0.2cm 的浅槽；由楦板尖起至 11cm 处在板面正中开一条长 60cm、宽 0.5cm 的透槽为中槽；在中槽两侧对称各开一条长 70cm、宽 1.5cm 的浅槽，并与透槽前的浅槽相通。

第三，由楦板尖起在两侧面正中开一条宽 0.3cm、深 0.3cm 的小槽沟；从两侧面距楦板尖端 11cm 处开始，开长 15cm、宽 0.2cm 的透槽与中槽相通。

（2）上楦

头部要上正，左右要对称，后裆部、背腹部皮缘要基本平齐，皮长不要过分拉伸，尾皮要平展并缩短。

上楦时先用旧报纸折成斜角形状缠在楦板上，把水貂皮套在带纸的楦板上，拉两前腿调正，并把两前腿顺着腿筒翻入胸内侧，使露出的腿口和全身毛面平齐。在烘干条件较差或自然晾干的水貂养殖场，为了防止貂腿在内侧不能及时干燥而造成闷皮脱毛，可以先将貂腿两前腿板朝外，在 60%～70% 干时再顺着腿筒翻入胸内侧。然后翻转楦板，使貂皮背面向上，头部在楦板上摆正，拉两耳使头部尽量伸长，但不要拉貂皮任何有效部位，最后拉臀部。如果和打尺板上的某一刻度接近，可以拉到这个刻度。用比臀部稍窄的硬纸片或细孔网状物的下一端与拉到一定刻度的臀部貂皮固定在尾根处。两手固定不动，用两拇指从尾根开始依次横拉尾的皮面，折成许多横的褶皱，直至尾尖。如此反复拉 2～3 次，以缩短尾皮长度为原长的 2/3 或 1/2，再把折成的许多小横褶放平，然后把硬纸板或细孔网状物翻下来压在尾上，用图钉或钉书钉固定，要防止此处闷皮脱毛。

水貂皮背面上好楦后，翻为腹面向上，拉宽左右腿和腹侧，平铺在楦板上，使腹面和臀部边缘平齐，再拉宽两后腿，使两腿平直靠近。压网状物用图钉固定，再把下唇折入里侧。上好楦后，准备烘干。

4. 干燥

干燥的目的是去除鲜皮内的水分，使其干燥成型并利于保管贮存。上好楦的皮张干燥方法有烘干和风干两种。无论采用哪种干燥方法，待皮张基本干燥成型后，均应及时下楦。提倡毛朝外上楦吹风干燥，效率高，加工质量好。

（1）风干法

风干法是利用风干机鼓风干燥。上好楦板的皮张，应分层放置于风干机的皮架上，将皮张张嘴套入风干机的气嘴上，让空气通过皮张腹腔带走水分风干。鲜皮最适宜的干燥温度为 $18\sim25℃$，湿度为 $55\%\sim65\%$，每管排风量为 $0.022\sim0.028m^3/min$。鲜皮吹风至 $24\sim30h$ 下楦，更换楦板继续吹风，干燥时间为 $48\sim60h$。

（2）烘干法

烘干法即用热源加温烘干干燥。将上好楦板的皮张放在晾皮架上，室温最好维持恒定（$18\sim25℃$），湿度为 55% 左右。要设专人看管，在烘干过程中不断倒换皮张方向和位置，以便尽快干燥。$24h$ 后，毛皮中的大部分水分将会散发掉。公貂楦板吸收水分较多，此时必须更换干燥的楦板和纸，继续干燥 $48\sim60h$。母貂皮应干燥 $36\sim38h$。

5. 下楦和整理

皮张干燥好后可以下架并运到下楦间卸下楦板。将皮张下楦板时，首先把各部位图钉去净，然后将楦板往铺有橡胶的案面上磕碰，使皮张脱落。或者将鼻尖用夹子夹住，两手握住楦板后端抽出楦板。下楦时不能用力过猛，以防把鼻端扯裂。下楦后的皮张先进行风晾，即下楦后的皮张先用细铁丝从眼孔穿过，每 20 张一串，在室温 13℃ 左右、相对湿度 65%～70% 的黑暗房间内悬挂几天。然后用转笼、转鼓机械洗皮除去油污和灰尘。干透的毛皮还要用毛巾擦拭毛面，去除污渍和尘土，遇有绒毛缠结情况时要小心把缠结部位梳开。

五、皮张整理、分级和包装

水貂皮干燥后，应尽快进行整理，将级别相近的归在一起，以便进行分级。为了避免自然光强弱对貂皮分级时颜色辨别有影响，所以在验貂皮时一定要在灯光下进行。灯光设置要在距验质案板上面70cm高处设2只80W的日光灯管，案板最好是浅蓝色的。具备这样条件的验质室，有利于验质和分级。

为了适应水貂皮的生产、加工、进出口检查，我国于2017年12月发布水貂皮国家标准《水貂皮》（GB/T 14789—2017），并于2018年7月1日正式实施。本标准结合我国水貂皮生产、流通的实际，采取主观检验和客观检验相结合的方法，分别对水貂皮的长度、毛皮品质进行分级。

1. 长度规格

皮张不分公、母皮，尺码的间隔均为6cm，为1档。测量时由工作人员在刻有标准尺码的案板上操作。量皮方法是测量从皮的尾根至鼻尖的距离。如遇档间皮，其长度就下不就上，如正好达到65cm，这一张皮应为3号皮，而不能放到上一档中。水貂皮的尺码标准见表8-1。

表8-1　水貂皮的尺码标准　　　　　单位：cm

尺码号	长度 L	尺码号	长度 L
0000	＞95	2	$65 < L \leqslant 71$
000	$89 < L \leqslant 95$	3	$59 < L \leqslant 65$
00	$83 < L \leqslant 89$	4	$53 < L \leqslant 59$
0	$77 < L \leqslant 83$	5	$47 < L \leqslant 53$
1	$71 < L \leqslant 77$	6	$L \leqslant 47$

2. 水貂皮的等级

水貂皮品质等级标准见表8-2。

表8-2　水貂皮品质等级标准

等级	要求
特级	正季节皮,皮形完整、洁净,板质良好;针毛、绒毛基本平齐,灵活;毛色纯正、光亮,背腹基本一致;针毛齐全,疏密基本均匀,针毛、绒毛长度比适中;无伤残

等级	要求
一级	正季节皮,皮形完整、洁净、针毛、绒毛品质、结构和板质略差于特级皮标准要求
二级	具有特级、一级皮质量,并具有下列情况之一者: ① 皮形不整; ② 加工撑拉过大; ③ 有自咬伤、擦伤、小疮疤、破洞或白撮毛集中一处,面积不超过 $2cm^2$; ④ 皮身有破口,总长度不超过 2cm; ⑤ 保存良好的陈板皮
三级	不符合一级、二级的规定,或具有下列情况之一者: ① 毛峰轻微勾曲; ② 绒毛空疏; ③ 不具备色型特征的彩貂皮和杂花色皮

注:1.下列情况不作为一级、二级、三级的缺陷:①缺尾不超过全尾的50%;②腹部有垂直的白线, 宽度不超过 0.5cm;③公皮秃裆, 面积不超过 $5cm^2$;④皮身有少数分散白针毛;⑤尾部和爪部板面略带灰色素;⑥下颌白斑面积不超过 $5cm^2$;⑦耳、眼、鼻边缘略带夏毛。

2.彩色貂皮(含黑十字水貂皮)也适用此皮质要求。

3. 水貂皮的品质比差

① 等级比差　特级100%,一级85%,二级75%,三级60%以下。

② 公母比差　公皮100%,母皮70%。

③ 毛色比差　标准水貂皮毛色比差,褐色以下95%,褐色100%,褐色以上105%。彩色水貂皮毛色比差按表8-3执行。

表8-3　彩色水貂皮毛色比差

黄色组	蓝色组	灰色组	白色组	毛色比差/%
米黄色	天蓝色	正灰色	雪白色	105
土黄色	浅蓝色	灰色	银白色	100
灰黄色	银蓝色	浅灰色	黄白色	95

注:1.十字貂皮归为白色组。

2.不具备色型特征的彩色水貂皮和杂花色水貂皮按95%。

4. 水貂皮的包装

　　水貂皮应一丝不苟地按上述等级，分别归类，然后按类包装。归类时要做到：一是标准色与彩色水貂皮分开；二是彩色水貂皮按色型分开；三是各色型水貂皮按性别分开；四是在分色基础上，按长度规格（尺码）、等级分开；五是标准色水貂皮按毛色比差分开。包装以20 张水貂皮为一捆，如果一类不足 20 张或余数不足 20 张时，也应作一捆，不应不同等级混为一捆。打捆时，水貂皮应背对背、腹对腹叠好，先用纸条在水貂皮头部缠好，然后在纸条上用绳系好。缚绳时应松紧适宜。把包捆好的水貂皮装入长度适宜的木箱内，绝不能随便塞入麻袋等软的包装物内，以保证水貂皮能保持干燥后整齐美观的外形，符合水貂皮作为商品的要求。在包装和装箱时，也要清楚标明水貂皮的等级、尺码和皮张数。

第九章　水貂疾病的防治措施

随着养殖规模化程度的不断提高，传染病发病急、发病率高、死亡率高的特点越发明显，疾病已成为影响养貂业健康发展和经济效益的重要因素。犬瘟热、细小病毒病、链球菌病等在一些地区水貂养殖场呈现群发性特征，发病率较高。由于饲料不新鲜引起的水貂发病死亡也屡见不鲜，流产、死胎及不发情等问题也困扰着水貂养殖场。

第一节　疾病的诊断与用药

一、疾病诊断

水貂疾病的诊断是通过病貂的临床症状、尸体解剖以及必要的实验室检查等手段，来确定疾病的性质、发展趋势、发生起源等的综合过程，以及确定具有针对性的治疗措施。有些疾病仅通过临床症状结合季节性常发就可以做出初步判断，如季节性肠炎、自咬症等。有些疾病必须结合尸体解剖，根据病理变化才能做出初步判断，如水貂的阿留申病、结石病、黄脂肪病等。还有一些细菌或者病毒性疾病必须通过实验室检查才能确诊。

1. 临床诊断

水貂的临床诊断主要是视诊、问诊、触诊和听诊。

① 视诊　观察水貂精神状态，包括眼神是否明亮，有无噙泪、眼屎，鼻镜湿润还是干燥，被毛光亮顺滑还是粗糙杂乱，粪便形状和颜色是否正常，饮水采食是否正常等，争取治病于未发。

② 问诊　询问饲养员饲喂过程有无异常，包括采食量、饮水量、活动、粪便等。

③ 触诊　通过触摸判断是否有脓肿、结石等。

④ 听诊　可直接用耳或者借助听诊器，根据正常情况下各器官律动的音响，如心跳、呼吸音等，判断水貂的发病情况。

2. 尸体解剖

尸体解剖是将水貂的尸体进行解剖，检查其内脏病理变化的一种疾病判断方法。通过解剖尸体，不仅可以确定各内脏器官的病变，还可以印证临床诊断的正确性。

(1) 剖检的准备工作及注意事项

① 尸体剖检应在固定地点进行，将尸体放在容器中（最好是搪瓷盘，以便于消毒），尸体被毛如有污染应先用水冲洗干净。剖检者应穿工作服、胶靴，戴手套、口罩，准备好手术刀、剪子、骨钳、镊子等器械。

② 尸体应尽可能新鲜，最好死后立即剖检。死亡时间过长的水貂不能送检。需要送检的尸体，夏季应冷藏运送，不可冷冻。剖检后的器械、衣物、房间应及时消毒，尸体及污染物要送到固定地点深埋或者焚烧，不得随意抛弃，并认真做好剖检记录。

(2) 剖检方法

① 外检　观察尸体的营养状况，一般死于慢性疾病的水貂，尸体消瘦，被毛杂乱；死于急性疾病的水貂，一般尸体胖瘦正常，不会明显消瘦。观察尸体有无外伤、肿胀，鼠蹊部有无硬结等，若有硬结则可能是患有黄脂肪病。另外，还需要注意，可视黏膜包括眼、口、鼻、肛门等的颜色，发白是贫血的特征；发紫是血液循环障碍导致的淤血，如中毒、呼吸困难等；发红是充血或者出血的症状，多是由高热或者传染病引起；发黄多为黄脂肪病。

② 皮下检查　将水貂尸体剥皮，检查皮下脂肪的数量和颜色，正常颜色发白，黄脂肪病脂肪黄染。然后再观察有无肿胀、浸润等情况。

③ 剖腹检查 将尸体腹面向上平放，从肛门沿腹中线向上剖开，先注意有无特殊气味，如嗅到蒜味可能是有机磷中毒。然后再检查腹腔内有无液体，如果有大量的腹水为肝、肾慢性炎症；有内脏出血，这种情况多数是由肝、脾大血管破裂造成的；如果有粪便或者食物残渣，则是由胃肠穿孔破裂造成的。在产仔期死亡的母貂，应注意其子宫变化，看是否有出血情况。

④ 腹腔内脏检查 主要观察各内脏器官的大小，颜色，质地，有无出血、充血、淤血、坏死、异物等。

先检查肾脏的包膜是否容易剥脱，包膜下有无出血、坏死，再切开肾脏观察断面皮质部和髓质部，注意有无结石、寄生虫等。再观察肝脏大小、颜色、硬度，注意肝小叶是否清晰，再切开肝脏观察断面。阿留申病和某些传染病的肝、肾变化较大。检查脾脏的颜色、质地、大小等，某些传染病可使脾脏高度肿胀，如炭疽等。观察膀胱内是否有尿液滞留，表面有无出血，并通过观察和触摸判断有无结石。观察胃肠道浆膜有无出血、破口、肿胀，再纵切肠管，观察黏膜有无出血、溃疡、内容物等，然后检查肠系膜淋巴结的大小，切开观察断面有无出血。观察子宫大小，检查内部胎儿数量、发育情况以及子宫黏膜情况。

⑤ 开胸检查 注意有无积液，区分胸液性质，即浆液性、纤维性或化脓性。胸壁与肺脏是否粘连，胸膜有无出血。

⑥ 胸腔内脏检查 先观察心脏的心包膜有无异常，切开心包观察心外膜有无出血，再切开各房室检查心内膜有无异常。再观察肺脏大小、颜色和病变，把病变部分置于水中，正常肺漂浮于水面，水肿肺在水平面下，肺炎或无气肺沉于水底。再检查器官和支气管黏膜，观察有无出血或者分泌物。

⑦ 脑的检查 先用剪刀把头部肌肉剥离，再用骨钳打开颅腔，露出脑，观察其颜色，有无充血、出血等。

3. 实验室检查

实验室检查的方法和内容很多，如尿常规化验、粪便检查、细菌病毒培养及病理切片等。一般养貂户或小型水貂养殖场不具备实验室条件，可以把病貂或者病料直接送往有关部门进行实验室检查。

送检尸体应该选择新死亡或者濒临死亡的个体，将尸体装入保温箱中，放少量的冰袋，防止高温造成尸体变质。送检病料的，应将病变部分剪下，置于自封袋中，各脏器单独存放，做好记号，用放有冰袋的保温箱送检。

二、水貂的给药方式

病貂经过诊断后，应及时给药，一般的给药方法有以下几种。

1. 内服法

将药物与食物或者水混合，通过水貂的采食或者饮水服下，在机体内发挥作用。对于已经不吃食的水貂，可将药物研磨成细粉末，送入病貂口内，使其食入。

2. 注射法

注射法分为皮下注射和肌内注射。皮下注射是将药物注入皮下组织中，适用于药量大而无刺激性的药物，如补液、血清注射等。注射部位多在肩胛部皮下或背部脊椎骨两侧。皮下注射量大的话，应该多点注射。肌内注射的药物比皮下注射的药物吸收得快，见效也快。一些有刺激性的溶液和高渗液，均适合于肌内注射，如青霉素、复合维生素 B 等。肌内注射应选择肌肉丰满的部位，如臀部、后肢内侧、颈部。

3. 外敷法

外敷法是将药物直接涂于患处的皮肤上，使药物通过表皮吸收入皮肤深层发挥作用。

4. 吸入法

这种方法多用于水貂的全身麻醉，即将挥发性药物通过水貂呼吸道吸入体内。

5. 直肠给药法

直肠给药法就是把药物从水貂的肛门处注入直肠，以达到治疗全身或者局部疾病的目的。此法多用于下泻疾病的治疗以及补液和麻醉等。

三、水貂疾病的预防

随着养貂业的迅猛发展，出现的疾病也越来越多，越来越复杂。

发病的原因无外乎饲料、环境、传染病。水貂是生命力比较顽强的动物，抗病能力比较强，发病初期症状不明显，一旦出现明显的症状，再治疗，一般很难奏效。所以，应该严格贯彻"预防为主、防重于治"的方针。水貂养殖场应该从以下 3 个方面做好疾病的预防。

1. 饲料

动物性饲料要求来源可靠，不使用病死动物作饲料，不使用来自疫区的动物性原料，存放于−18℃的冷库，确保新鲜；植物性原料要存放于阴凉干燥处，不使用霉变原料；保持饲料室清洁卫生，各类原料排列有致，防鼠防蝇，定期消毒。

2. 环境

水貂棚舍应该合乎标准，保证冬季有足够的阳光照射时间，夏季干燥凉爽。及时清理杂草、粪便、污水，防止蚊蝇滋生。水盒、托食板要每天清理，更换新水，防止腐败变质。夏季要经常清理水貂小室，防止叼入小室的饲料未能被完全采食，剩余的饲料酸败引发胃肠疾病。病死貂要及时隔离，所使用的笼舍要彻底消毒。水貂饲养区严禁饲养其他动物，以免交叉感染。场区入口设置消毒池或者消毒室，防止带入病原微生物。

3. 传染病

对于危害性特别大又常见的传染病要接种疫苗。一般水貂每年两次接种细小病毒性肠炎、犬瘟热，可根据不同地区传染病流行情况选择其他疫苗进行接种免疫，如铜绿假单胞菌疫苗、巴氏杆菌疫苗等。

第二节　病毒性疾病

一、水貂阿留申病

阿留申病是水貂特有的一种病程进展极为缓慢的传染病。该病的主要表现是浆细胞增多、血清中丙种球蛋白增多、持续性病毒血症、肾小球性肾炎，伴有母貂空怀显著增加和秋冬季节的大批死亡。

【病原】阿留申病毒属于细小病毒科细小病毒属。该病毒对外界环境和各种理化因素有较强的抵抗力。能在 pH 2.8～10 的条件下保持活力；80℃存活 1h；5℃条件下，0.3％的福尔马林中能耐受 2 周，4 周灭活。

【流行特点】本病存在于世界各国的貂群中。主要传染源为患病貂和病毒携带貂。病毒长期存在于患病貂体内，主要以粪、尿和唾液排泄到外界环境中。该病可垂直传播，环境中病毒可经消化道和呼吸道传播，节肢动物作为媒介和注射针头也可传播。本病传入貂群开始多呈隐性流行，随着时间的延长和病貂的累积，表现出地方流行性，造成严重损失。

【临床症状】典型症状是病貂呈渐进性消瘦，口渴暴饮，嗜睡，贫血，口腔黏膜溃疡、出血，排煤焦油状粪便，大部分病貂因肾衰竭而死亡。典型症状者确诊并不难，但临床上对尚未出现症状的隐性貂，只有进行实验室检查后方能确诊。

本病的特点是潜伏期长，急性病例 2～3d 便死亡。慢性经过时，病貂食欲减退，极度口渴，冬季常伏在水盒上啃冰吃。随着病情的发展，口腔黏膜出血，逐渐恶化，极度消瘦、贫血、精神沉郁、步态蹒跚、嗜睡、眼凹陷、被毛蓬乱、失去光泽，粪便呈沥青样，病后期口渴加剧，几乎整日伏在水盒上粗暴地饮水。中枢神经受损时呈现脑膜炎症状，共济失调、痉挛、轻瘫或全瘫。有些病貂在口腔黏膜、唇、硬腭或舌面上出现小出血点和溃疡灶。由于体质过度衰弱，在晚秋气温突变时最易死亡。

【病理变化】阿留申病貂内脏器官的特征性变化主要在肾脏、脾脏、肝脏，尤其以肾脏较为显著。剖检时可见到肝、肾、脾肿大，肾呈点状出血，或有散在灰白色斑点。所有脏器均呈明显的浆细胞浸润。有肾小球性肾炎，重症肝有坏死灶。

血液变化主要表现在浆细胞增多和血清中丙种球蛋白量增加。每 100mL 血清中丙种球蛋白可从正常的 1g 增至 4～5g。

【诊断】根据流行病学、临床症状、病理剖检变化即可进行初步诊断，确诊用电泳分析法、碘凝集试验等方法测定血清蛋白含量和应用对流免疫电泳技术进行诊断。

【防控措施】目前，对该病没有特异性的预防和治疗措施。因此，为控制和消灭本病必须采取综合措施。即通过检疫、淘汰、隔离、消毒等方式，逐步形成健康的貂群，降低发病率。具体操作如下：

① 建立严格的卫生防疫制度　重视饲养管理工作，养貂场的食具、饮水具及其他一切用具要固定使用，并且定期消毒。

② 定期进行检疫　每年配种前和取皮前都要进行血清学检验，配种前发现阳性的个体，要淘汰，不能再配种繁殖；取皮前检疫阳性的水貂不能再留种，取皮时坚决杀掉。

③ 引种时也必须进行检疫　引种前对挑选的青年种貂进行严格检疫，对阳性个体和可疑个体都不能引种，即不能把阿留申病带到自己的水貂养殖场去。

④ 病貂必须隔离饲养　建立病貂隔离棚，发现病貂或检出阳性带毒貂，一律送隔离棚由专人饲养，食具、饮水用具专貂专用，且必须固定使用。兽医人员给病貂注射时，必须1只貂用1个针头，不能用1个针头注射多个貂，避免引起交叉感染，扩散病原体。

二、犬瘟热

犬瘟热是由犬瘟热病毒引起的一种急性、高度接触性传染病，以双相热型、白细胞减少、急性鼻炎、支气管肺炎、严重的胃肠炎和神经症状为特征，是当前水貂养殖业危害最大的疫病之一。

【病原】犬瘟热病毒属于副黏病毒科麻疹病毒属。对环境的抵抗力较弱，易被光和热灭活，对乙醚、三氯甲烷、甲醛、苯酚、季铵盐消毒剂、氢氧化钠和紫外线敏感。对低温干燥有较强抵抗力，气温越低，存活时间越长。在室温下，组织或分泌物中的病毒可存活3h，在−70℃或冻干条件下可长期存活。

【流行特点】犬瘟热病毒的宿主广泛，犬科、鼬科、浣熊科、猫科动物均易感。主要传染源是患病动物及健康带毒动物，病毒存在于患病动物和健康带毒动物的鼻液、泪液、血液、肝、脾、胸腔积液、腹水等中，通过眼鼻分泌物、唾液、尿液和粪便向外排毒，也可通过飞沫、空气经呼吸道传染，还可以通过黏膜、阴道分泌物传染。部分患病动物愈后也可长时间向外界排毒。本病无明显的季节性，全年均可发生，但以冬、春季多发，呈散发、地方流行或暴发，其流行速度极快，可能在几天之内迅速蔓延并波及全群，然后再从近至远以水平传播形成地方性流行甚至大流行。一般在流行该病时，貉最先感染，其次是银黑狐、北极狐和水貂。幼龄兽、青年兽先感染，老龄兽抵抗力强，常于流行中后期陆续发病，死亡率达90％以上。凡患过犬瘟热或注射过该疫苗的母兽所产的仔兽，在哺乳期不患本病，因此期可从母兽乳中得到抗体，从而获得坚强的被动免疫。该病流行的原因多与疫苗免疫失败有关。

【临床症状】其典型临床症状为双相热型，即体温两次升高，达40℃以上，两次发热之间间隔几天无热期。

急性型突然发病，常看不出任何前驱症状即死亡。

病貂一般呈慢性经过。患病初期，病貂精神萎靡、食欲不振或缺乏。眼、鼻流出浆液性或脓性分泌物，有时混有血丝，发臭。病情恶化时，鼻镜、眼睑干燥甚至龟裂，厌食，常有呕吐和肺炎。部分病例发生腹泻，粪呈水样，或带血、有恶臭。病貂消瘦，脱水，脚垫和鼻过度角质化。有的病例会出现神经症状，犬瘟热的神经症状因病毒侵害中枢神经系统的部位不同而有所差异：或呈现癫痫、转圈；或共济失调、反射异常；或颈部强直、肌肉痉挛。但本病常见的神经症状是咬肌群反复节律性颤动。

【病理变化】病貂尸体外观眼睑肿胀，眼、鼻呈卡他性或化脓性炎症。胃肠黏膜呈卡他性炎症，胃覆盖黏稠呈红褐色液体，常见有出血和边缘不整齐的糜烂和溃疡。小肠有卡他性炎症病灶，大肠的病变在直肠黏膜上可见有无数点状或带状弥漫性出血。肝呈暗樱桃红色，充满血液。急性经过者脾脏微肿大，呈暗红色；慢性病例脾缩小。肾被膜下有点状出血，切面纹理消失；膀胱黏膜充血，常带有点状和条状出血。心肌扩张，肌肉松弛，呈红色，有浅灰色病灶，心外膜下有出血点。脑膜血管显著充血、水肿或无可见变化。

【诊断】根据流行病学特点、临床症状以及病理变化可对本病做出初步诊断。确诊需进行实验室检查，可采用病毒分离鉴定、RT-PCR、ELISA以及胶体金试纸条等检测方法。

【防控措施】该病无特效疗法，即使在感染初期使用犬瘟热高免血清，效果也一般，多数病例愈后不良。本病一旦出现神经症状，病死率可达90％以上，治疗意义不大，所以本病重在预防。

建立健全严格的兽医卫生制度，并严格实施，是预防本病发生的重要保证，也是杜绝本病发生的关键；根据疫病流行情况，制定相应的免疫程序，用正规厂家生产的弱毒苗进行常规防疫。

三、病毒性肠炎

细小病毒性肠炎是一种急性、烈性、高致病性、高度接触性传染病，是世界公认的危害水貂养殖业比较严重的病毒性传染病之一。该病由水貂肠炎病毒引起，以胃肠黏膜炎症、坏死和白细胞高度减少为主要特征，表现为急性肠炎，剧烈腹泻，粪便混有许多脱落的肠黏膜、纤维蛋白和肠黏液的管状物。该病又称为传染性肠炎或泛白细胞减少症。

【病原】水貂肠炎病毒属于细小病毒科细小病毒属。该病毒对外界环境和各种理化因素有较强的抵抗力。自然条件下，病毒在被污染的器具和笼舍上可保存毒力长达1年。在pH 3～9和56℃的条件下，病毒可稳定存活1h。病毒对甲醛、漂白粉、紫外线等较为敏感，煮沸、0.2%过氧乙酸和4%氢氧化钠均能将该病毒杀死。

【流行特点】在自然条件下，犬科、鼬科以及猫科动物对本病均易感。该病常呈地方性和周期性流行，传播迅速，全年均可发生，主要发生于5～10月份，有明显的季节性。初春开始流行时，临床症状不典型，死亡较少，传播较缓慢，呈地方性流行。经过一段时间后，病毒毒力增强变为急性感染，一般初夏的感染率和病死率最高。断乳前后的幼貂对本病易感，且以同窝爆发为特征。由于本病毒抵抗力强且带毒动物排毒时间长，一旦发生，则很难彻底根除，会反复发病。该病的主要传染源是病貂、带毒貂及感染本病的猫。耐过动物能获得较长时间的免疫力，并且会带毒、排毒至少1年。病毒大量存在于患病动物的肝、脾、肺及肠道里，并从各种分泌物、尿液和粪便中排出，污染器具、饲料、饮水、环境及人，通过直接和间接接触经呼吸道和消化道传播，使易感动物感染。

【临床症状】潜伏期一般为4～7d，以4～5d最多。临床上可分为超急性型、急性型和慢性型。

① 超急性型　病貂不出现腹泻，食欲废绝后于12～24h内死亡。

②　急性型　体温升高，呕吐，下痢。体温升高至 $40 \sim 40.5℃$，排出混合血液、黏膜（多呈乳白色、少数为鲜红色或红褐色或黄绿色）的水样粪便，或排出灰白色管状粪便。粪便的颜色与肠黏膜坏死程度有关。食欲废绝，渴欲增强。7d 左右死亡。

③　慢性型　患病貂耸肩弓背，呕吐，被毛蓬乱，精神沉郁，排便频繁但量少，粪便为黏稠状，常混有血液，呈灰白色、粉红色、灰绿色，有的排出灰白色柱状粪便。食欲不振，病程较长为 $7 \sim 14d$。下痢后脱水，病貂极度虚弱，消瘦死亡。

【病理变化】病貂主要特征为出血性肠炎和非化脓性心肌炎。病死貂消瘦，皮肤无弹性；肠道内有水样且混有血液的内容物，肠黏膜充血、出血甚至脱落坏死；腹腔内有淡黄色积液；心肌松弛；肝脏肿大、质脆。

【诊断】根据流行病学特征、临床症状和病理变化，尤其是在粪便内发现有柱状，呈灰白色、粉红色或灰绿色等多种颜色的黏液管套可做出初步诊断。确诊需送实验室检查，也可使用细小病毒快速检测试纸条检测。

【防控措施】目前，国内外无特效药物治疗该病，因此应以预防为主。

①　加强平时的饲养管理，严格实施水貂养殖场卫生管理措施（详见本书第七章），注意防疫工作，不要让野猫、野犬进入水貂养殖场。

②　疫苗免疫接种。预防水貂病毒性肠炎的发生，免疫接种是最有效的途径。对健康水貂必须每年 2 次，1 月份接种种貂，$6 \sim 7$ 月份全群接种。

③　综合治疗

a. 假定健康貂群用貂病毒性肠炎疫苗进行紧急接种。

b. 对早期发病的水貂及时隔离治疗，肌内注射抗貂病毒性肠炎血清 3mL，每日 1 次，连用 3 次。病初应先禁食 $1 \sim 2d$，给予充足的加有多种维生素的温水。

c. 为了缓解呕吐症状可肌内注射溴米那普鲁卡因注射液 1.0mL，排血痢者肌内或皮下注射止血敏 $0.125 \sim 0.250g$，为防止继发感染则肌注恩诺沙星或庆大霉素。

d.重病貂应及时进行强心、补液。复方氯化钠 20～50mL、阿莫西林 0.2～0.5g、利巴韦林 1～2mL、地塞米松 1～2mL、维生素 C 1～2mL，静脉或腹腔注射。恢复期应控制饮食，给予稀软易消化的食物，少量多次，然后逐渐恢复到正常饮食。

四、水貂伪狂犬病

水貂伪狂犬病又称阿氏病，是多种动物共患的急性传染病，其特点是侵害中枢神经系统和引起皮肤瘙痒。水貂对此病极为敏感，死亡率高达 74%。本病虽不是常见传染病，但一旦发生会给生产带来巨大的经济损失。

【病原】伪狂犬病病原属于疱疹病毒科。对环境的抵抗力较强，在物体表面和液体中可存活 7d，在 pH 4～9 保持稳定。腐败条件下，病料中的病毒经 11d 失去感染力。该病毒对乙醚、氯仿等脂溶剂，福尔马林和紫外线照射等敏感。5%苯酚经 2min 灭活，0.5%～1%氢氧化钠 3min 使其灭活，2%福尔马林 20min 可将其杀死。对热的抵抗力较强，55～60℃经 30～50min 才能灭活，80℃经 3min 灭活。

【流行特点】自然条件下，猪、牛、羊、狗、猫、鼠、水貂、狐、貉都易感。病兽和带毒的肉联厂下脚料是该病的主要传染源，应特别注意的是，猪是隐性传染的带毒者。伪狂犬病病毒侵入机体的主要途径是消化道，也可经呼吸道黏膜、损伤皮肤、交配、哺乳等途径传播。当水貂口腔黏膜有外伤时，特别容易感染伪狂犬病。该病的暴发没有季节性，但以夏季多见。常呈暴发性流行，初期死亡率很高。

【临床症状】经过一段潜伏期（3～6d）后，先出现的是食欲减退，拒食或完全停食，做咀嚼运动，用前肢搔抓颜面或头部，在笼内不停转圈，多数病例开始出现精神不振或沉郁，继而出现神经症状，发生痉挛，全身抽搐。多数病例发生四肢不全麻痹，特别是后肢无力。对外界刺激敏感性增强，稍加刺激即可发生痉挛、尖叫、仰卧、翻滚等，可在短时间歇的情况下，再次发作，并反复多次。有些病例呈昏睡状直至死亡。有些病例体温可升高 0.5～1.0℃，但有些病例并无体温变化，多数病例在死亡前的一段时间体温往往下降到正常值以下。呈现腹式呼吸。病程 6～24h，有些可长达 1.5d。

【病理变化】病死貂一般营养良好，鼻和口角有大量粉红色泡沫样液体，舌露出口外，有咬伤。眼、鼻、口、肛门可视黏膜发绀。皮下和体表淋巴结无明显变化。腹部胀满，叩之鼓声。内脏有出血现象。甲状腺水肿，呈胶质样，有点状出血，为特征性变化。

【诊断】根据流行病学、特征性临床症状及病理变化特点进行综合分析，可以做出初步诊断，为了进一步确认，可进行血清学和生物学试验。

【防控措施】目前尚无特效疗法，以预防为主。

① 严格把关动物性饲料的购入。动物性饲料购入必须检查，特别是猪内脏，要熟制处理后再投喂。

② 免疫注射。本病可进行特异性预防，定期注射伪狂犬病疫苗。

第三节　细菌性疾病

水貂常见的细菌性疾病包括出血性肺炎、大肠杆菌病、巴氏杆菌病、沙门菌病、克雷伯菌病、炭疽、脑膜炎等。

一、出血性肺炎

貂出血性肺炎又称貂假单胞菌病或貂铜绿假单胞菌病，是由假单胞菌属中的铜绿假单胞菌引起的貂的一种地方性流行、条件性、急性传染病。

【病原】本病病原为铜绿假单胞菌，广泛存在于自然界、动物粪便、水和污水中。革兰氏染色阴性。铜绿假单胞菌对外界的抵抗力较强，在干燥环境下可以存活 9d。对一般的消毒剂敏感，0.25% 的福尔马林、0.5%～1.0% 的醋酸均可迅速杀死该菌。由于该菌具有广泛的酶系统，对常用抗生素大都不敏感。

【流行特点】水貂是最易感的毛皮动物。主要传染源是污染的肉类饲料、病貂和带菌貂及其粪尿、分泌物和绒毛。另外，由于应用抗生素不合理，抑制了铜绿假单胞菌抵抗性细菌，造成铜绿假单胞菌大量繁殖，也可发生该病。主要传染途径是口腔和呼吸道。该病没有明显的季节性，但多发于夏、秋季节，特别是换毛期。

【临床症状】自然感染时潜伏期为1～2d，长的4～5d。从病程和病理变化可分为急性型与最急性型。大部分感染貂常常未见明显症状即死亡，仔细观察仅见有昏睡、厌食、呼吸短促而困难、惊厥和口鼻流出血样液体。急性型病例往往表现腹式呼吸，听诊胸部，可以听到啰音，鼻孔流出血样液体，口鼻周围有血样污染物，笼箱下常见有血迹。病程短的几小时，病程长的1～2d，病死率几乎为100%。

【病理变化】病理变化最明显的器官是肺，表现为水肿和大面积出血。病变部位组织致密，切开有血样泡沫流出，气管和支气管黏膜呈桃红色，支气管淋巴结肿大，呈灰红色。脾肿大约2倍，呈紫红色。肝脏微肿大，呈灰褐色。常在胃和十二指肠内发现血样液体。其他脏器未见明显变化。

【诊断】根据流行病学、临床症状和病理剖检，可建立初步诊断。肺出血和肺水肿是本病区别于其他病的主要特征。确诊需做细菌学检查。

【防控措施】

① 对发病水貂养殖场进行彻底消毒。

② 接种疫苗。易发地区可以免疫接种水貂出血性肺炎疫苗，预防效果较好。

③ 多种抗生素联合使用进行治疗。铜绿假单胞菌对复方新诺明、多粘菌素、硫酸妥布霉素、恩诺沙星、氧氟沙星等抗生素敏感，可按说明混合投喂。

二、大肠杆菌病

大肠杆菌病是对幼貂危害较大的细菌性传染病之一，常呈急性、败血性经过，伴有严重的下痢并可侵害呼吸系统和中枢神经系统。

【病原】病原为大肠埃希菌，革兰氏阴性菌，中等大小，无芽孢、荚膜，有鞭毛。大肠杆菌对热的抵抗力较强。本菌对一般消毒剂敏感，对磺胺类药物及抗生素等极易产生耐药性。

【流行特点】本病主要通过消化道、呼吸道感染，交配或被污染的输精管等也可经生殖道造成传染。老鼠粪便常含有致病性大肠杆菌，可通过污染饲料、饮水而造成传播。

饲喂患大肠杆菌病动物的肉和内脏或被大肠杆菌污染的肉类、饮水和奶类饲料，是本病发生的主要原因。患病动物的粪尿常含有大肠杆菌，容易感染同窝其他个体。天气骤变、圈舍潮湿、饲养管理不良、饲料质量低劣引起水貂消化不良时易发生该病，如不及时治疗可造成大批死亡。

本病多发于春至秋初，主要发生于密集化养貂场，幼貂多发，特别是断乳前后的貂；成年水貂亦能发生。潮湿、通风不良的环境，过冷、过热或温差过大，有毒有害气体长期存在，营养不良（特别是维生素缺乏）以及病原微生物（如支原体及病毒）感染所造成的应激等均可促进本病的发生。

【临床症状】自然感染病例潜伏期变化很大，其时间取决于水貂的抵抗力、大肠杆菌的数量和毒力，以及饲养管理状况。潜伏期一般为1~10d。

病初期，食欲减退继而完全废绝，多躺卧于小室内不动。粪便呈黄色液状，然后下痢加剧，粪便呈灰白色或暗灰色、带黏液，常常有泡沫。有时呕吐，哺乳仔貂常排出未经消化的凝乳块，有时混有血液。断乳的仔貂排出未消化的食物残渣，被覆着黏液，并混有血液。肛门四周及尾部、后肢被粪便污染，被毛粘在一起。病貂体质很快恶化、衰弱，体温升达40℃以上，经2~3d死亡。慢性经过要5~6d死亡。妊娠母貂患病时，发生大批流产和死胎。患病貂精神沉郁、不安，食欲减退，有相当一部分貂并发乳腺炎。

【病理变化】急性亚急性病貂剖检可见脾瘀血性肿大；胃黏膜和肠黏膜充血肿胀；有小出血点，呈现卡他性出血性肠炎变化；淋巴结肿大，有时可见小出血点；心内膜和心外膜有出血点。慢性经过的病貂，严重衰弱，贫血。在肠道中有大量暗灰色或黄灰色黏液，黏膜肿胀，有单个或多个出血点。肠系膜淋巴结显著肿大。肝脏稍微肿大，呈灰黄色；脾脏增大2~3倍，有点状瘀血。胃黏膜有出血点或出血斑，胃肠内充满棕色黏液，腹水增多，肠道鼓气明显；全身淋巴结肿大，尤以肠系膜淋巴结为重，外观黑紫色，切面多汁。

【诊断】根据临床症状、流行病学和病理解剖上的变化只能做出初步诊断，最后确诊有待于细菌学检查。

【防控措施】预防本病应从增强机体抵抗力和减少致病菌数量等方面加强管理。要不断改善饲养管理条件，先除去不良饲料，使母貂和仔貂吃到新鲜、易消化、营养全价的饲料，以增强机体的抵抗力。同时要加强防疫，把住饲料关，对来源不明的饲料要经过高温处理后才能喂貂。在仔貂育成期添加抗生素类饲料或乳酸菌对预防本病也有良好效果。

特异性治疗，可注射仔猪、犊牛和羔羊大肠杆菌病高免血清 5～10mL 治疗患病仔貂。如果用高免血清和抗生素、维生素合用，治疗效果更好。

三、巴氏杆菌病

巴氏杆菌病又名出血性败血症，是畜禽和野生动物多发的细菌性、出血性、败血性人兽共患传染病，呈世界性分布，已给养貂业带来了巨大的经济损失。

【病原】病原体为多杀性巴氏杆菌，革兰氏染色阴性。本菌的抵抗力不强，在直射阳光和干燥的情况下迅速死亡；56℃ 15min、60℃ 10min 可被杀死，煮沸立即被杀死；一般消毒剂在几分钟或十几分钟内可将其杀死；在生理盐水中迅速死亡，但在尸体内可存活 1～3 个月，在厩肥中亦可存活 1 个月。

【流行特点】多杀性巴氏杆菌对许多动物和人均有致病性，水貂、紫貂、银黑狐、北极狐、貉等都可感染。兽场常因投喂病禽及被污染的肉类饲料副产品而使兽群染病，以兔、禽类副产品最危险。带菌的禽、兔进入兽场，或混养在一个养殖场内，是本病发生的重要原因，因此切忌貂、兔、鸡混养。

各年龄段均可发病，一般幼貂易发。本病无明显的季节性，但以气候突变、阴雨潮湿的季节发病较多。

【临床症状】临床上常见传染性鼻炎、肺炎型和败血症型 3 种表型。

① 传染性鼻炎　本类型的病传染快、病程长。主要表现为鼻黏膜发炎，先流出液性鼻液，随着病程的发展，转为黏液性或脓性鼻液。水貂经常打喷嚏，使上唇和鼻孔周围毛湿、皮肤发生红肿，形成

皮炎。鼻炎引起鼻黏膜肿胀，鼻泪管阻塞从而引起流泪或发生脓性结膜炎。

② 肺炎型　发病的幼龄貂表现为食欲减退或停止采食，精神不好，常卧在小室不出来活动，有的出现咳嗽，呼吸加快，体温升至40℃以上，无呕吐和腹泻症状。停止采食1～2d后死亡。

③ 败血症型　病貂精神沉郁，食欲废绝，呼吸急促，体温升至40℃以上，腹泻，排水样便，以后排带血的稀便。临死前体温下降、四肢抽搐、尖叫，病程短的24h死亡，病程稍长的3～4d死亡。急性的没见到临床症状就突然死亡。

【病理变化】患本病死亡的水貂全身浆膜、黏膜充血或出血，淋巴结肿大。死于肺炎型的患病貂肺脏呈严重出血性、纤维素性肺炎变化，肺表面附着纤维素团块，后期表现肺脓肿。死于败血症型的患病貂，心与肺均严重充血、出血，肝大出血，其表面附着大量纤维素性渗出物。肠管出血，有许多纤维素性渗出物附着，肾出血。

【诊断】根据流行病学、临床症状及解剖观察到的病理变化，一般可以做出初步诊断。如想确诊还要做病菌染色观察，鉴别确认为巴氏杆菌才能定论。

【防控措施】预防：加强养殖场的卫生防疫工作，改善饲养管理，特别是喂兔肉加工厂的下杂物，仔猪、羔羊和禽类加工厂的下杂物（鸭肝、鸡肝等）时，这些动物患巴氏杆菌病最多，最易引起动物发病。所以，均应认真加温蒸煮、熟喂，不得马虎。当阴雨连绵或秋冬季节交替的时候，一定要加强饲养管理，注意食具和小箱内的卫生。切忌貂和兔、鸡、鸭、猪、狗等混养在一个场地里，以防相互传染造成损失。对死亡动物剖检，必须在指定场所进行，不许在饲养区内剖检动物。诊断出有传染病的可疑动物被隔离后，不应再归回原动物群内。每年可定期注射巴氏杆菌病疫苗，能收到预防本病的效果。

治疗：

① 紧急消毒灭菌　在养貂场若发现病貂，应非常重视，先将病貂进行隔离饲养和治疗。全场用10%石灰乳或3%氢氧化钠溶液进行消毒，重症患病貂捕杀深埋或焚烧。病貂用过的笼用火焰消毒，笼下粪、尿处用3%氢氧化钠喷洒消毒。

② 药物预防性治疗　全群饲料中加氟苯尼考和敌菌净（二甲氧苄氨嘧啶），氟苯尼考按每千克饲料 50mg、敌菌净按每千克饲料 100mg 添加，连用 3～4d，对健康貂起预防作用，对带菌貂起治疗作用。

四、克雷伯菌病

水貂克雷伯菌病是由两种克雷伯菌引起的以脓肿、蜂窝组织炎、麻痹和脓毒败血症为特征的细菌性传染病。本病呈暴发流行，具有较高的死亡率。

【病原】克雷伯菌为革兰氏阳性，常呈两极着色，寄生于动物呼吸道或肠道，在呼吸道内比在肠道内多见，在水和土壤中也能发现，为条件病原菌。本菌对 0.2％氯化铵具有较高的敏感性，在 0.2％苯酚中 2h 失去活力，对卡那霉素等抗菌药敏感。

【流行特点】消化道是主要感染途径，通过被污染的饲料（肉制品加工厂的下脚料，如乳房、脾脏、子宫等）传染，亦可通过患病动物的粪便和被污染的水传播。哺乳期仔貂和育成貂易感染。据报道，某水貂养殖场发生水貂克雷伯菌病时，老、青年貂和公母貂均有发生，发病率为 3.87％，病貂的死亡率为 56.04％，治愈率为 43.96％。

【临床症状】根据临床表现可分为 4 种类型。

① 脓肿型　病貂精神沉郁，食欲减退，周身出现小脓肿，特别是在颈部、肩部出现许多小脓疱，破溃后流出黏稠的白色或淡蓝色脓汁。大多数形成瘘管，局部淋巴结形成脓肿。

② 蜂窝组织炎型　病貂多在喉部出现蜂窝织炎，并向颈下蔓延，可达肩部，化脓、肿大。

③ 麻痹型　病貂食欲不佳或废绝，后肢出现麻痹，步态不稳，多数病貂在出现症状后 2～3d 死亡。如果局部出现脓肿，则病程更短。

④ 脓毒败血症型　病貂突然发病，食欲急剧减退或废绝，精神高度沉郁，呼吸困难，很快死亡。

【病理变化】脓肿型病貂体表有脓疱，特别是在颌下或颈部淋巴结易出现，切开时流出黏稠的灰黄白色脓汁。蜂窝组织炎型病貂肝脏明显肿大，脾脏肿大 3～5 倍，有出血、充血、淤血，呈暗紫黑红色；肾上腺肿大；肺有小脓肿；在颈部或躯体其他部位发生蜂窝织炎时，局部肌肉呈灰褐色或暗红色。麻痹型病貂膀胱充满黄红色尿液，膀胱黏膜增厚，肾和脾也明显肿胀。脓毒败血症型病貂尸体营养状态良好，死前有明显呼吸困难的病貂呈现化脓性或纤维素性肺炎和心内、外膜炎，脾脏肿大。

【诊断】根据流行病学、临床症状和病理变化可做出初步诊断，确诊需采取死亡病貂的心、肝、脾、肾、肺做涂片或触片染色镜检，然后再进行细菌分离培养鉴定。

【防控措施】发现本病应立即将病貂和可疑病貂及时隔离出来，同时用庆大霉素、卡那霉素、环丙沙星、恩诺沙星、磺胺类药物等进行治疗。

对体表脓肿的，应切开排出脓汁，再用 3% 过氧化氢冲洗创腔后撒布消炎粉或其他抗菌药物。全身疗法可肌内注射链霉素，25 万～50 万 IU，1d 2 次，直到治愈为止；环丙沙星口服，成年貂按每日每只 10mg，连服 5～7d。此外，庆大霉素、磺胺类药物对克雷伯菌病也有较好的治疗效果。

平时注意对饲料，尤其是肉制品加工厂的下脚料（如乳房、淋巴结等）使用严格控制，注意饮水卫生，做好消毒和灭鼠工作。

五、沙门菌病

沙门菌病又称副伤寒，是由沙门菌引起的各种野生动物、家畜、家禽和人的多种疾病的总称。本病是幼貂常发的急性传染病，主要特征是发热、腹泻、体重迅速减轻、脾脏显著肿大和肝脏的病变，呈地方性暴发流行。

【病原】沙门菌为两端钝圆、中等大小的直杆菌，革兰氏染色阴性。其对外界抵抗力较强，在干燥的沙土中可生存 2～3 个月，在干燥的排泄物中可存活 4 年之久。

【流行特点】患病动物和带菌动物以及被沙门菌污染的饲料是本病的主要传染源。患过沙门菌病的畜（禽）肉和副产品及乳、蛋也是主要的传染源。本病主要经消化道感染。水貂食入被污染的饲料和患沙门菌病的畜（禽）肉、乳、蛋和副产品，如鸡架、鸡肝、鸭肝、鸡肠及其他动物内脏等最易引发此病。此外，啮齿动物、禽类和蝇等也能将病原菌携带入水貂养殖场引起感染。

本病具有明显的季节性，一般发生在6～8月份，常呈地方性流行。发病经过为急性，主要侵害1～2月龄的仔貂。成年貂对本病有一定的抵抗力，如发生本病大多数也在夏季。本病的死亡率较高，一般可达40%～65%。

【临床症状】潜伏期为3～20d，平均为14d。根据机体抵抗力及病原毒力和数量等不同，可出现多种类型的临床症状，大致可分为急性型、亚急性型和慢性型3种。

① 急性型　病貂表现拒食，先兴奋，后沉郁，体温升高至41～42℃，只有在死前体温才下降。大多数病貂躺卧于小室内，走动时弓腰，两眼流泪，行动缓慢，腹泻，呕吐，在昏迷状态下死亡。一般病程短者5～10h死亡，长者2～3d死亡。多以死亡告终，偶有幸存者可转为慢性。

② 亚急性型　病貂主要表现为胃肠功能紊乱，体温升高至40～41℃，精神沉郁，呼吸减弱，食欲废绝，被毛蓬乱，眼下陷无神，有时出现化脓性结膜炎。少数病例有黏液性鼻液或咳嗽。后期出现后肢不全麻痹，在高度衰竭的情况下，7～14d死亡。

③ 慢性型　病貂表现食欲减退，胃肠功能紊乱，腹泻，粪便混有黏液，逐渐消瘦，贫血，眼球塌陷，有时出现化脓性结膜炎。被毛蓬乱，失去光泽及集结成团。病貂大多躺于小室内，很少走动，行走时步伐不稳，缓慢前进，在高度衰竭的情况下死亡。病程多为3～4周，有的可达数月之久。

【病理变化】病貂可视黏膜、皮下组织、肌内、脏器都有不同程度的黄染。胃空虚或有少量食物和黏液，胃黏膜增厚，有褶皱，有时充血，少数病例胃黏膜有散在的出血点。急性型肝脏出血，呈黑红色；亚急性型和慢性型肝脏呈不均匀的土黄色。胆囊肿大、充盈，内有浓稠的胆汁。脾脏多数高度肿大，可增大6～8倍，质脆，被膜紧张，呈黑红色或暗褐色。纵隔、肛门及肠系膜淋巴结肿大2～3倍。肾脏微肿。多数病例肺脏无明显变化。

【诊断】根据流行特点、临床症状及病理变化，可以做出初步诊断，最终确诊需做细菌学检查。可以从死亡的病貂脏器和血液中分离细菌进行培养鉴定。

【防控措施】发病后应先改善饲养管理，保证病貂能吃到质量好、易消化、适口性强的饲料。

治疗常用以下药物：氯霉素，每千克体重0.02g，内服，每日4次，连用4～6d；肌内注射量减半。

新霉素和氯霉素混于饲料中喂给，连续用7～10d，幼貂剂量为5～10mg，成年貂为20～30mg。

呋喃唑酮，每千克体重0.01g，分2次内服，连用5～7d。

磺胺甲噁唑或磺胺嘧啶，每千克体重0.02～0.04g，或甲氧嘧啶每千克体重0.004～0.008g，分2次内服，连用1周。

加强母貂妊娠期和哺乳期饲养管理，仔貂补饲期和断乳初期更应注意，保证供给新鲜、优质、全价和易消化的饲料，注意小室内的卫生。在幼貂培育期，必须喂给质量好的鱼、肉饲料，畜禽的下脚料要经无害化处理后再喂，腐败变质的饲料不要喂。定期消毒食盆、食碗。饲料更换应逐渐进行，加工要严格细致。养殖场内要防鼠。

第四节　其他常见疾病

一、秃毛癣

秃毛癣又称皮肤霉菌病，是由真菌引起的水貂皮肤传染病，俗称钱癣或匐行疹。特征是在皮肤上出现圆形秃斑，覆盖以外壳、痂皮及稀疏折断的被毛。常呈地方性暴发，使毛皮质量下降。

【病原】皮肤霉菌类真菌的种类很多，侵染水貂的主要是小孢子属的犬小孢子菌、石膏样小孢子菌和须发癣菌。

【流行特点】各年龄水貂均易感，幼貂易感性强，人也可感染。维生素缺乏，特别是维生素C不足对本病发生有一定的促进作用。病貂是主要传染源。患病动物病变部位脱落的毛和皮屑含有病原菌丝和孢子，不断污染环境，且能在环境中保持很长时间的感染力。病原体可依附在植物或其他动物身上，或生存在土壤中。本病主要通过水貂直接接触或间接经护理用具（如扫帚、刮具）、垫草、工作服、小室等传播。患癣病的人也可携带病原到水貂养殖场。啮齿动物和吸血昆虫可能是病原体的传播媒介。本病一年四季都可发生，在炎热潮湿的季节多发，以幼貂发病率较高。发病率因养殖环境、年份及管理水平不同而有很大差异。

【临床症状】潜伏期为8～30d。本病先在头颈、四肢皮肤上出现圆形斑块。起初斑块呈规则圆形，汇合后形成大小不等、形状不一的灰色斑块，上面无毛，或有少许折断的被毛，覆盖以鳞屑或外壳，剥开外壳露出充血的皮肤，压迫时可从毛囊中流出脓样分泌物，干涸后形成痂皮。常在脚趾间和趾垫上发生病变，起初病变呈圆形，分界不明显，逐渐融合形成规则的区域，无痒感。如不治疗，在患病貂背腹两侧形成手掌大或更大的秃毛区。个别病例整个皮肤覆盖以灰褐色痂皮。

【诊断】根据临床症状和真菌检查可以确诊。真菌检查包括伍兹灯照射、显微镜检查及培养试验。

【防控措施】将病貂局部残存的被毛、鳞屑、痂皮剪除，用肥皂水洗净，涂以克霉唑或硝酸益康唑等药物。在局部治疗的同时，内服灰黄霉素，每日每千克体重25～30mg，连服3～5周，直到痊愈。

平时加强养殖场内和笼舍内的卫生管理，饲养人员注意自身的防护，防止感染。患皮肤真菌病的人不要与水貂接触。病貂的笼具可用5％苯酚热溶液（50℃）喷洒消毒。

二、疥螨病

疥螨病又称螨虫病，是由于螨虫寄生在水貂的体表而引起的接触性传染性皮肤病。特征是伴有剧烈瘙痒和湿疹样变化。

【病原】目前在我国貂群中广为传播的螨虫主要是疥螨属的疥螨和痒螨。二者在水貂的临床表现上不好区分。

疥螨在外界温度11～20℃时能保持生活力10～14d，在寒冷温度下（-10℃以下）经20～25h死亡。直射阳光对其有致死作用，经3～8h死亡。于干燥环境中当温度为50～80℃时，在30～40min内死亡。在水内加温至 80℃时于几秒钟内死亡。

【流行特点】本病多为接触传染，病貂是主要传染源。健康貂与病貂直接接触（密集饲养、配种等）或与被病貂污染的物体（貂笼、小室、产箱、食盆、饮水盒、清洁用具、工作服和手套等）接触也可以发生传染。此外，寄生于各种动物和人的疥螨可以相互感染；蝇可把疥螨携带到养貂场；被患疥螨病的老鼠污染的草，用来作水貂的垫草时也可以使水貂感染；犬和猫也可把疥螨带入养貂场。

【临床症状】疥螨病最初症状常出现于脚掌部皮肤，后蔓延到跗关节及肘部，稍晚些时间出现在头部（鼻梁、眼眶、耳郭及耳部），有时也可发生于前胸、腹下、腋窝、大腿内侧和尾根，甚至蔓延至全身。

当疥螨钻入皮内时，皮肤起初形成小的结节，此结节以后变为小的水疱。由于强烈瘙痒，患病貂持续搔抓、摩擦和啃咬使之破裂，排出分泌物，干燥后形成硬壳及结痂，黏着被毛，被毛逐渐脱落，皮肤秃毛部出现出血性抓伤。水貂全身皮肤被广泛侵害时，食欲废绝，有时发生中毒死亡。但多数病例经治疗愈后良好。

【病理变化】病死貂尸体衰竭、贫血、常常水肿，特别是皮下组织有广泛性疥螨病变。

【诊断】根据瘙痒和皮肤变化，可做出初步诊断，结合虫体检查发现螨虫即可确诊。虫体检查：于患部和健康交界处的皮肤上取刮下物（到出血为止），装入试管内，加入 10%氢氧化钠（或氢氧化钾）溶液煮沸，待毛、痂皮等固形物大部分溶解后，静置 20min，吸取沉渣，滴载玻片上，用低倍显微镜检查寻找幼螨、若螨和虫卵。

【防控措施】剪去患部及其周围被毛，除去污垢和痂皮，以温肥皂水或 0.2%温来苏儿水洗刷，然后进行药物治疗。杀螨虫药常用特效杀虫剂 1%伊维菌素或阿维菌素注射液，每千克体重 0.3mg 皮下注射，7～10d 后再注射 1 次，一般经 2 次注射即可治愈。同时用 0.5%敌百虫溶液喷洒笼舍或用火焰喷灯对笼舍杀螨。如有继发感染，应用青霉素、链霉素或磺胺类药物等做全身治疗，单纯用杀螨虫药效果不好。

为防止疥螨被带入，严禁将野外捕获的野生毛皮动物及犬、猫等带进养貂场，定期灭鼠，新引进的水貂应进行螨虫检疫。饲养人员与患疥螨病貂接触时应做好个人防护，不允许患疥螨病的人饲养水貂。

三、幼貂消化不良

幼貂消化不良是幼貂胃肠功能障碍的统称，是哺乳期和育成期水貂最常见的一种胃肠疾病。本病的主要特征是有明显的消化功能障碍和不同程度的腹泻，具有群发的特点，但没有传染性。

【病原】妊娠母貂，特别是妊娠后期，饲料供应不足，尤其是蛋白质、矿物质和维生素缺乏时，营养代谢发生障碍，导致初乳的质量降低，仔貂从初乳中获得的母源抗体减少，抵抗力下降，是诱发仔、幼貂消化不良的先天性原因。

哺乳期母貂的饲养管理不当，特别是饲喂霉败变质食物后，毒素可经乳汁排出，仔貂吸吮乳汁后引起消化障碍；卫生条件不良，特别是母貂乳头不清洁，常常是引起仔貂消化不良的重要因素；小室垫草过度潮湿，或母貂叼入小室内的食物因存放时间过久而变质被仔貂采食，也可引起消化不良。

刚断乳分窝的幼貂消化功能尚不健全，仅适应母乳和高质量补充饲料，因此当由母乳改喂饲料时，常因幼貂不适应新的生活环境和日粮的变更发生应激反应，而产生消化不良。

【临床症状】哺乳期仔貂，特别是 10 日龄左右的仔貂，常常表现腹部膨胀，呕吐和排稀便，食欲下降，精神不振，体温正常。粪便常呈水样黄色，且常含有未充分消化的乳块，也有的呈粥样绿色，有明显的酸臭味并混有气泡。肠音高朗并有轻度的腹痛表现，严重时转成肠炎，因脱水和代谢性酸中毒而死亡。

断乳分窝后的幼貂常表现呕吐，随后表现腹泻，粪内常混有大量黏液和泡沫并伴有恶臭气味，进一步发展形成肠炎，导致持续腹泻、肛门松弛、排粪失禁，有时继发肠套叠和直肠脱出，多因治疗不当而引起死亡。

【诊断】根据发病原因和临床症状即可做出诊断。

【防控措施】发病后应先找出发病原因并采取相应措施。对发病仔貂，可向泌乳母貂饲料中加入一定量的药物，如土霉素、四环素，每只 0.1～0，2g，1d 1 次。

为了促进消化，可喂给健胃消食片、乳酶生、乳酸菌素片等。对发病幼貂应禁食 8～10h，但不限制饮水。

为防止肠道感染，可肌内注射卡那霉素每千克体重 10～15mg，庆大霉素每千克体重 0.5 万～1 万 IU，痢菌净每千克体重 2～5mg 等。为防止脱水，可给幼貂口服补液盐饮水，静脉或腹腔注射 5% 葡萄糖氯化钠 100～300mL，效果更好。

为预防本病，在母貂妊娠期和哺乳期及仔貂断乳初期应加强饲养管理，改善卫生条件，给予新鲜、营养丰富的饲料，严禁使用变质、霉败的饲料。注意笼舍卫生，定期消毒小室，特别注意及时清除母貂叼入小室内的变质食物。在哺乳期间，要保持母貂的乳房卫生。

四、急性胃肠炎

水貂消化道比较短，胃炎和肠炎都是胃黏膜和小肠黏膜急性炎症，在临床上不好鉴别，统称为胃肠炎，是水貂的常见病之一。

【病原】主要有三个：一是饲养管理不当，如饲喂腐败变质的饲料、饮水不洁、长期采食不新鲜的肉类，或粗纤维过多的谷物饲料；二是水貂肠道内的常在菌群在常态下是无害的，但由于长途运输引起水貂过劳，或患感冒等疾病使机体抵抗力下降时，这些常在菌则可导致严重的危害；三是继发于某些传染病和寄生虫病。

【临床症状】① 胃炎：病初食欲减退，有极度渴感，但饮水后即发生呕吐；后期食欲废绝，或因腹痛而表现不安，口腔黏膜充血，干燥发热，精神沉郁，不活动。若持续呕吐，可出现脱水、电解质紊乱及代谢性碱中毒症状。

② 肠炎：腹部蜷缩，弯腰弓背，肠蠕动增强，伴有里急后重、腹泻、排蛋清样灰黄色或灰绿色稀便，严重者可排血便。体温变化不定，也可能升高至 41℃ 或以上；濒死期则体温下降。肛门及会阴部被毛有稀便附着，幼貂出现脱肛现象、腹部臌气；腹泻严重者，表现脱水、眼球凹陷、被毛蓬乱、昏睡，有的出现抽搐。病程一般急剧，多在 1～3d 由于治疗不及时或不对症而死亡。

【诊断】根据病史、临床症状，特别是对抗生素药物治疗反应良好，容易确诊。但有时胃肠炎易与某些传染病相混淆，应注意鉴别。

【防控措施】发病时，应先着眼于大群防治，从饲料中排除不良因素，并在饲料中加入氟苯尼考、磺胺类等抗菌药物，1d 2 次，持续5～7d，可有效控制本病的继续发生。对发病的水貂要采取以下措施：

① 米汤（每 100mL 米汤中加入 1g 食盐、10g 多维葡萄糖），每次 100～150mL，每天 3 次；或给予无刺激性饮食，如肉汤、牛奶等，然后逐渐调整，直至恢复正常饮食为止。

② 抑菌消炎是治疗胃肠炎的根本措施。可选用下列药物：黄连素 0.1～0.5g，1d 3 次，内服；磺胺脒 0.5～2.0g，1d 3～4 次，内服；氯霉素每千克体重 0.02g，1 天 4 次，内服，连用 4～6d（肌内注射用量减半）；金霉素，用法与氯霉素相同，但用量增加 1 倍；呋喃唑酮，每千克体重 0.005～0.01g，1 天 2～3 次，内服；链霉素 0.1～0.5g，1d 2～3 次，内服。

③ 强心、补液。可用林格尔氏液 100～500mL，维生素 C 100～500mg，25％葡萄糖液 20mL，静脉滴注，1 天 1～2 次。不能静脉注射的养殖场，可用口服补液盐饮水补液。

④ 为恢复食欲促进消化，可肌内注射复合维生素 B 注射液及维生素 C 注射液，各 1～2mL。

平时应加强饲养管理，严格控制来源不清、发霉变质的动物性饲料和谷物饲料，要重视饲料调制车间和饲料调制过程中的卫生状况。

五、感冒

感冒是由于机体受寒引起的以上呼吸道黏膜炎症为主要症状的急性全身性疾病。临床特征是体温突然升高，打喷嚏，流泪，伴发结膜炎和鼻炎。哺乳期及分窝前后的幼貂易发本病。

【病原】气温骤变使水貂发生一系列生理变化，是导致感冒的最根本原因。

【临床症状】本病多发生于雨后，早春、晚秋，季节交替，气温突变的时候。病貂在遭受寒冷刺激后突然发生精神不振，食欲减退，两眼湿润有泪、睁得不圆，鼻孔内有少量水样鼻液，有的咳嗽，体温升高，足掌发热，鼻镜干燥，剩食，不愿活动，多卧于小室内。

【诊断】根据水貂受寒冷作用后突然发病，体温升高，咳嗽及流鼻液等上呼吸道轻度炎症症状等即可做出诊断；必要时可应用解热剂进行治疗性诊断，迅速治愈的，即可诊断为感冒。

【防控措施】应用解热镇痛剂，如30％安乃近液或安痛定液1～2mL，肌内注射，1天1次。为促进食欲，可用复合维生素B注射液或维生素B_1注射液。为防止继发症，可用青霉素或广谱抗生素。

平时要加强饲养管理，增强机体抵抗力，防止水貂突然受凉，在气温骤变时，采取防寒措施。

六、肺炎

肺炎是支气管和肺的急性或慢性炎症。特征是有呼吸障碍、低氧血症，以及由于从患部吸收毒素而并发的全身反应。

【病原】多从感冒、支气管炎发展而来，可由多种呼吸道微生物——肺炎球菌、大肠杆菌、链球菌、葡萄球菌、铜绿假单胞菌、真菌、病毒等引起。饲养管理不当，饲料不全价都可导致水貂抵抗力下降，引发肺炎。过度寒冷或小室保温不好，引起仔、幼貂感冒；棚舍内通风不好、潮湿、氨气浓度过大，都会促进急性支气管肺炎的发生。

【病理变化】急性经过的病貂尸体营养状态良好，口角有分泌物；肺充血、出血，尤以尖叶最明显，肺小叶之间有散在的肉变区（炎症区），切面呈暗红色有血液流出，支气管内有泡沫样黏液；心扩张，心室内有大量血液。

【临床症状】病貂精神沉郁，鼻镜干燥，可视黏膜潮红或发绀，常卧于小室内，蜷曲成团；体温升高至39.5～41℃，弛张热；呼吸困难，呈腹式呼吸，每分钟呼吸达60～80次；食欲废绝。日龄小的仔貂多半呈急性经过，即看不到典型症状，仅见叫声无力、长而尖，吮吸能力差，吃不到乳，腹部不胀满，很快死亡。成年貂也有发病，多数由于不坚持治疗而死亡。病程8～15d。

【诊断】水貂急性支气管肺炎的诊断较为困难，主要是根据临床症状和剖检变化做出初步诊断。

【防控措施】本病的治疗原则是抑菌消炎、祛痰止咳，制止渗出与促进炎性渗出物的吸收和排除。

抑菌消炎：青霉素20万～40万IU，肌内注射，每8～12h 1次；链霉素0.1～0.3g，肌内注射，每8～12h 1次；二者合用效果更佳。磺胺二甲基嘧啶，用量为每千克体重50mg，静脉注射，每12h 1次。多西环素每千克体重7～10mg，1天3次，口服。氯霉素，口服，每千克体重10mg，每12h 1次。

祛痰止咳：可用复方甘草合剂、可待因、氯化铵、远志合剂等。

制止渗出与促进吸收：静脉注射10%葡萄糖酸钙注射液5～10mL，1天1次。

为预防本病，提倡小室饲养，小室内要保持有干净的垫草，并要求干燥洁净，不透风，不潮湿。如果水貂患感冒要及时治疗，以防病情恶化发展成肺炎。

七、中暑

中暑是日射病和热射病的统称，是由于太阳辐射和闷热环境下水貂机体过热而引起中枢神经系统、血液循环系统和呼吸系统功能严重失调的综合征。水貂在每年7月份下旬至8月份上旬常常发生中暑并引起大批死亡。

【病原】

① 日射病　水貂头部，特别是延髓或头盖部受烈日照射过久，脑及脑膜充血而引起。多发于夏季中午12时至下午2～3时，貂棚遮光不完善或没有避光设备的貂群中。

② 热射病　因水貂在室外温度比较高、湿热，空气不流通的环境下，体温散发不出去蓄积体内缺氧而引起。临床上以体温升高、循环衰竭、呼吸困难、中枢神经功能紊乱为特征。

【临床症状】

① 日射病　水貂突然发病，有的早晨喂料时还很正常，到中午时已死亡。精神高度沉郁，步态不稳及晕厥，少数有呕吐、头部震颤、呼吸困难、全身痉挛尖叫，最后在昏迷状态下死亡。

② 热射病　水貂体温升高，呼吸困难，大汗淋漓，可视黏膜发绀，流涎，口咬笼网张嘴而死。在接近断乳分窝时由于产箱（或小

室）内湿热，母仔貂同时死在窝内。

【诊断】根据发病季节和时间、所处的环境、死亡的状态，即可确诊。

【防控措施】及早抢救和采取措施可减少死亡。对已中暑的病貂可放在阴凉、通风的地方，头部用井水清洗或用冰块冷敷降温。处于休克状态的病貂静脉注射5％葡萄糖氯化钠和安钠咖，有利于恢复。

为预防中暑，进入盛夏，养貂场内中午要有专人值班，喷水降温防暑，阳光直射的区域要多给水貂饮水。在高温季节，棚舍应做好遮光工作，避免阳光直射。水盆内长期供应清洁饮水，夏季不能断水。在每100kg饲料中加入小苏打200g、维生素C 20mg，可提高水貂抗热应激的能力。

为预防中暑，长途运输种貂要由专人押运，并应在夜间凉爽时候运，途中及时通风换气。天热时饲养员要经常检查产仔多的笼舍和产箱，必要时可把小室盖打开。炎热的晚上应适当驱赶水貂起来运动，达到通风、换气的效果。

八、流产

流产是水貂妊娠中、后期妊娠中断的一种表现形式，是水貂繁殖期的常见病，常给生产带来巨大损失。

【病原】引起水貂流产的原因很多，大体分为3类：

① 传染性流产。如布鲁菌病、结核病、真菌感染、沙门菌感染、弓形虫病、钩端螺旋体病等，都可引起流产。

② 非传染性流产。在养殖场中最常见的是饲养管理上出现失误，如饲喂霉败变质的鱼、肉及病死鸡的肉和内脏，或饲料数量不足及饲料不全价，特别是蛋白质、维生素E、钙、磷、镁的缺乏，外界环境喧闹嘈杂和捕捉检查母貂操作不当等，都可引起流产。

③ 药物性流产。在妊娠期间给予子宫收缩药、泻药、利尿剂与激素类药物等可导致流产。

【临床症状】母貂剩食，食欲不好，由于流产的发生时期不同、病因及病理过程不同，其临床症状也不完全相同，有以下六种表现：

一是胚胎消失，又称隐性流产。在妊娠的早期（20～30d），胚胎大部分或全部被母体吸收，常无临床症状。

二是排出未足月，且没有明显病理变化的死胎。胎儿及胎膜很小，常在无分娩征兆的情况下排出，多不被发现。

三是排出不足月的活胎，即早产。常在排出胎儿前2～3d，乳腺及阴唇出现肿胀，早产的胎儿活力很差。

四是胎儿干性坏疽，死于子宫内。由于子宫颈闭锁，死胎未被排出，胎儿及胎膜水分被吸收后使体积缩小变硬，胎儿呈棕黑色。

五是胎儿浸溶。胎儿死于子宫内，待胎儿软组织液化分解后被排出，但因子宫颈未完全张开，死亡胎儿的骨骼仍留在子宫内。

六是胎儿腐败分解。胎儿死于子宫内，子宫颈张开，腐败菌侵入，使胎儿软组织腐败分解并产生气体积存于死胎的皮下、胸、腹腔内。母貂表现腹围增大，精神不振，呻吟不止，频频努责，从阴门流出污红色恶臭液体，食欲减退，体温升高。

【诊断】根据妊娠貂的腹围变化，外阴部附有污秽不洁的恶露和流出不完整的胎儿即可确诊。

【防控措施】针对不同情况，在消除病因的基础上，采取保胎或其他治疗措施。

对有流产征兆、胎儿尚存活的，应全力保胎，可用黄体酮5～10mg，肌内注射，1天1次，连用2～3d。对已发生流产的母貂，要防止发生子宫内膜炎和自体中毒，可肌内注射青霉素10万～20万IU，1天2次，连用3～5d；食欲不好的注射复合维生素B或维生素B_1注射液，肌内注射1～2mL。对不完全流产的母貂，为防止继续流产和胎儿死亡，常皮下注射复合维生素E注射液1～2mL，或1%黄体酮0.1～0.2mL。

为预防流产，在整个妊娠期要保持饲料恒定及新鲜全价。养殖场内要保持安静，清洁卫生，不要让其他动物进入养殖场。防止意外爆炸惊扰及鞭炮声。

九、难产

难产是指母貂在分娩过程中发生困难，不能将胎儿顺利排出体外。

【病原】雌激素、垂体后叶素及前列腺素分泌失调，妊娠母貂过度肥胖或营养不良，产道狭窄、胎儿过大、胎位和胎势异常等，都可导致难产。

【临床症状】一般认为母貂已到预产期并出现了临产征兆，时间超过 2～4h，仍不见产程进展，或胎儿已进入产道 6h 仍不能娩出胎儿；母貂表现不安，来回走动，呼吸急促，不停进出产箱，回视腹部，努责，排便，有时发出痛苦的呻吟，后躯活动不灵活，两后肢拖地前进，从阴部流出分泌物，不时舔舐外阴部，有时钻进产箱内，蜷曲在垫草上不动，甚至昏迷，仍不见胎儿产出，可视为难产。

【诊断】根据分娩进程表现即可诊断。

【防控措施】当母貂发生难产时，可先用药物催产，肌内注射垂体后叶素（催产素）0.5～1mL（5～15μg），间隔 20～30min 再注射1 次。在使用催产素 2h 后，若胎儿仍不能娩出，则应人工助产或行剖宫产。

对于因子宫颈口闭锁子宫扭转、骨盆腔狭窄、畸形等原因引起的难产，均应尽早施行剖宫产手术。对于胎位异常引起的难产，用手矫正胎位后，再将胎儿拉出。

十、乳腺炎

乳腺炎（乳房炎）指母貂乳房发生的急性、慢性炎症，是母貂的一种常见病，多发生在产后，在泌乳期发生的多呈急性经过。

【病原】某些疾病（结核病、布鲁菌病、子宫炎等）可并发乳腺炎。仔貂咬破母貂乳头造成外伤性感染；貂舍垫草不洁感染乳腺炎；母貂乳腺发达，泌乳量大，仔貂吮乳力不强或仔貂死亡，致使过多的乳汁长期积蓄于乳房内，造成乳腺炎。

【临床症状】母貂患乳腺炎后不愿护理仔貂，常停留在运动场上，有时把仔貂叼出产箱。仔貂由于得不到足够的乳汁而会发出不正常的叫声。若检查可发现乳房红肿、结块、发热，乳头或乳房被咬破，个别的会破溃。若感染为脓性的，则乳汁呈脓样，内含黄色絮状物或血液。严重时，除局部症状外，尚伴有全身症状，如食欲减退、体温升高、精神不振，常常卧地不愿起立。

【诊断】发现初产母貂徘徊、仔貂不安、叫声异常者，应及时检查其泌乳情况和乳房状态，触诊乳房热而硬，如有痛感，说明母貂患有乳腺炎。

【防控措施】初期冷敷，每个乳头结合按摩排乳汁，在乳腺两侧用 0.25%盐酸普鲁卡因注射液溶解青霉素进行封闭，水貂每侧注射3～5mL。水貂全身注射青霉素 30 万～40 万 IU，并注射复合维生素 B 和维生素 C 1～2mL。

对未破溃化脓的，可进行热敷治疗。用温热的 0.3%雷佛奴尔溶液浸湿纱布后敷在乳房上进行按摩，每日 2 次。

对已化脓破溃的不能进行热敷，要用 0.3%雷佛奴尔溶液洗净创面，涂油质青霉素。待仔貂 30 日龄后，可适当分出部分仔貂，必要时可全部分窝。

十一、黄脂肪病

黄脂肪病又称脂肪组织炎，肝、肾脂肪变性（脂肪营养不良）。本病伴发物质代谢重度障碍和各器官功能及形态学的严重病变，是以全身脂肪组织发炎、渗出、黄染，肝小叶出血性坏死，肾脂肪变性为特征的脂肪代谢障碍病。本病是养貂业危害较大的常发病，不仅直接引起水貂大批死亡，而且在繁殖季节，可导致母貂发情不正常、不孕、胎儿吸收、死胎、流产、产后无乳，公貂利用率低、配种能力差等。

【病原】主要原因是动物性饲料（肉、鱼、屠宰场下脚料）中的脂肪氧化、酸败。所以冻贮时间比较长的带鱼、黄鲫等含脂肪比较高的鱼类饲料更易引起水貂的急、慢性黄脂肪病。此外，饲料不新鲜、抗氧化剂、维生素添加量不足，也是导致本病的原因之一。

【流行特点】在仔貂断乳分窝后 8～10 月份多发，呈急性经过，发现不及时，可造成大批死亡。老龄貂常年发生，呈慢性经过，多为散发，治疗不及时常常死亡。死亡率为 10%～70%。

本病一年四季均可发生，但以炎热季节多见，一般食欲旺盛、发育良好的幼貂先受害致死。

【临床症状】有急性型和慢性型之分。

① 急性型。于 7～8 月份大群水貂出现食欲下降，精神沉郁，不愿活动，腹泻，粪便呈绿色或灰褐色，内混有气泡和血液；重症者后期排煤焦油样黑色稀便，进而后躯麻痹，腹部或会阴尿湿，常在昏迷中死亡。触诊病貂腹股沟部两侧脂肪，呈硬猪板油状或绳索状。

② 慢性型。病貂精神显著沉郁，很少活动，经常出现剩食，被毛蓬乱无光，消瘦，尿湿等；后期出现腹泻，粪便呈黑褐色并混有血液。步态不稳，个别病例后肢麻痹或痉挛，出现不自然的尖叫。一般成年貂易出现这种情况，且易与阿留申病混淆。妊娠母貂发生性器官出血、流产。

【病理变化】① 急性型。病貂尸体营养良好，尸僵不明显。被毛蓬松，肛门部常被煤焦油样粪便污染。有的可视黏膜黄染。肝大，质地脆弱，呈土黄色或红黄色，切面混浊，呈典型脂肪肝。肾脏肿大，黄染，切面混浊。

② 慢性型。病貂尸体消瘦，皮下组织干燥，黄染不明显。肝大，呈黄红色或淡黄色，质硬脆，切面混浊。肾被膜紧张，光滑易剥离，肾实质呈灰黄色或污黄色。

【诊断】根据临床症状、病理变化及组织学变化以及饲养状况，可以确诊黄脂肪病。但在诊断中应注意与水貂阿留申病、维生素 B 缺乏病及饲料中毒鉴别。

【防控措施】发生本病应先改善日粮质量，增加新鲜肉、鱼、乳等富含全价蛋白质的饲料，及酵母、维生素 A、维生素 B_1、维生素 B_{12}、维生素 E、叶酸、胆碱等的供给量。病貂每日每只分别肌内注射维生素 E 或亚硒酸钠维生素 E 注射液 0.5～1mL，复合维生素 B 注射液 0.5～1mL。为预防继发性细菌感染，可肌内注射青霉素 10 万IU，持续给药 7～10d。氯化胆碱和维生素 E 对黄脂肪病有很好的防治效果，病貂和健康貂都可随饲料投给，每只每次 30～40mg。

平时应注意饲料质量，加强冷库管理。发现脂肪氧化变黄或变酸的鱼、肉饲料要及时处理，改作他用。用高锰酸钾洗过的饲料禁止喂给妊娠期、泌乳期的母貂。硒制剂和维生素 E 抗氧化作用强，同时使用效果更好，日粮中应保证供给足量。此外，以鱼类饲料为主的水貂养殖场一定要重视海鱼的质量，冷贮时间过长的不宜采购。

十二、尿湿症

尿湿症是水貂等毛皮动物泌尿系统疾病的一个征候，而不是单一的疾病。许多疾病都可导致尿湿症的发生，如尿结石、尿路感染、膀胱和阴茎麻痹、后肢麻痹、黄脂病及某些传染病的后期。

【病原】多数学者认为尿湿症与饲养管理的关系密切，夏季饲料腐败变质以及维生素 B_1 供给不足都是诱发尿湿症的重要因素。也有人认为本病与遗传有关，有些品种有高度易感性。另外，尿结石的机械刺激及药物的化学刺激可引起尿道黏膜损伤，邻近器官组织炎症的蔓延，如膀胱炎、包皮炎、阴道炎、子宫内膜炎蔓延至尿道，也可导致本病。

【临床症状】本病多发生于 $40\sim60$ 日龄的幼貂，公貂比母貂发病多。病初表现为不随意地频频排尿，会阴部及两后肢内侧被毛被尿浸湿，使被毛连成片。皮肤逐渐变红，明显肿胀，不久浸湿部位皮肤出现脓疱或溃疡，被毛脱落、皮肤变厚。以后在包皮口处出现坏死性变化，甚至膀胱继发感染，患病貂常常表现疼痛性尿淋漓，排尿时尿液呈断续状排出，排尿不直射，严重时可见到黏液性或脓性分泌物不时自尿道口流出，走路蹒跚。如不及时治疗，将逐渐衰竭而死。

【诊断】依据会阴部和下腹部毛被尿浸湿而持续不愈，即可做出诊断。

【防控措施】根据病因进行对症治疗。先改善饲养管理，从饲料中排除变质或劣质的动物性饲料，增加富含维生素的饲料，并给以充足饮水。为防止感染，可用抗菌消炎药，如青霉素、土霉素等抗生素。青霉素每千克体重 5 万～10 万 IU，肌内注射，每 8h 1 次；硫酸链霉素，每千克体重 2 万 IU，1d 2 次。为促进食欲，每天注射维生素 B_1 注射液 $1\sim2mL$。治疗时可用 0.1% 高锰酸钾水冲洗被毛尿渍，并将毛擦干，勤换垫草，保持窝内干燥。

十三、食毛症

水貂的食毛症（吃毛、咬毛）是营养物质缺乏而导致的一种营养代谢性疾病，是养貂场常见的疾病，多发生于秋、冬季节。

【病原】尚不清楚，但多数人认为该病是微量元素（硒、铜、钴、锰、钙、磷等）缺乏或含硫氨基酸和某些B族维生素缺乏引起的一种营养代谢异常的综合征。也有人认为是由脂肪酸败、酸中毒或肛门腺阻塞等引起。

【临床症状】患病貂不定时地啃咬身体某一部位的被毛，主要啃咬尾部、背部、颈部乃至下腹部和四肢；有的病貂突然一夜之间将后躯被毛全部咬断，或者间断性地啃咬。病貂被毛残缺不全，尾巴呈毛刷状或棒状，全身裸露。如果不继发其他病，精神状态没有明显的异常，食欲正常；当继发感冒、外伤感染时将出现全身症状，或由于食毛引起胃肠毛团阻塞等症状。

【诊断】根据临床症状即可做出诊断，即身体的任何部位毛被咬断都可视为食毛症。但要注意与自咬症及脱毛症相区分。自咬症是发作后疯狂地咬自己身体的某一部位并撕破皮肤，甚至将下腹部咬破，造成肠管流出；脱毛症是皮肤没有任何病变而发生的类似自然脱毛状态的疾病。

【防控措施】对病貂可在饲料中补充蛋氨酸（羽毛粉、毛蛋等）、复合维生素B、硫酸钙，1天2次，连用10～15d即可治愈。还可用硫酸亚铁和维生素 B_{12} 治疗，硫酸亚铁 $0.05～0.1g$，维生素 B_{12} $0.1mg$，内服，1d 2次，连用3～4d。

为预防本病，饲料要多样化、全价新鲜，保证营养物质的供给。尤其是在水貂的育成期和冬毛生长期，要注意蛋氨酸、微量元素和维生素的补给。

十四、自咬症

自咬症是危害笼养水貂的一种慢性病，其特征是阵发性神经高度兴奋、狂暴性自咬身体某一部位，造成自咬创伤而影响其生长发育和毛皮质量。

【病原】本病的病因至今不明，可能是多种因素所为而非单一因素所致。

① 应激因素　生产中引起水貂应激的因素很多，如仔貂断乳后单笼饲养、疫苗接种、品质鉴定、体重和体长测量、换毛、气温变

化、环境潮湿、空气污浊、饲养环境不安静、饲料营养不全或突然更换饲料配方等。应激因素会导致病貂神经内分泌紊乱而使其狂躁不安，严重者发生自咬恶癖。

② 行为因素　国外学者认为貂自咬症是貂的常见恶习，与不正常的习惯捕捉方式有关；有学者观察了自咬症母貂所产仔貂的发病情况，发现水貂咬尾是异常习惯。

③ 病毒病因假说　支持这一学说的主要是苏联学者，他们于 20 世纪 40 年代通过一系列试验而提出了病毒病因假说。

④ 遗传因素　赵元楷等（1996）报道貂自咬症与遗传有直接的关系，纯种繁育的后代有半数发生自咬症现象。

⑤ 营养代谢因素　国内有学者把自咬症归结为金属元素、维生素、氨基酸或不饱和脂肪酸等营养因子代谢紊乱而引起，所以目前他们把该病归结为营养代谢病。

⑥ 皮肤疾病因素　能够引起水貂皮肤疾病的因素会刺激水貂皮肤瘙痒、兴奋不安而引发自咬症，主要有体表寄生虫、环境潮湿引起水貂皮肤感染真菌、皮肤破损而感染葡萄球菌、环境湿度大引发皮肤过敏反应或湿疹。

⑦ 饲料毒物因素　饲喂水貂的谷物饲料发生霉变而产生黄曲霉毒素，水貂采食后产生慢性中毒而引起皮肤末梢神经瘙痒。此外，饲料中氯化碘含量过多也会引起水貂自咬症。一般来说，按照全价饲料配方饲喂或饲喂新鲜海杂鱼的水貂养殖场，无须单独补充食盐，尤其是含碘量较高的海盐。

【临床症状】临床上表现为对外界刺激敏感，兴奋度增大，症状反复发作，啃咬自己的尾、后肢、髋部及臀部等处，严重时咬掉尾尖、撕破某一部位皮肤肌肉，常因感染而死亡。自咬时旋转、打滚、嘶叫；但兴奋过后呈沉郁状态，喜躺卧、眼半闭，对周围事物不敏感或呈睡眠状态。本病在每年春秋的换毛季节发生，发病率较高，给养貂业带来严重的经济损失。

【防控措施】尚无特异性疗法，但可对症治疗。

（1）治疗

① 对于咬伤面积较大的，需对咬伤部位用 3％过氧化氢（双氧

水）冲洗后外涂消炎粉，同时每天肌内注射青霉素 2 次，每次每千克体重 160 万 IU 以防止感染；而对咬伤面积较小者可局部涂擦 2％碘酊或用高锰酸钾溶液冲洗使其自然愈合。

② 从对抗神经兴奋症状或抗应激的角度出发，盐酸异丙嗪具有镇静、催眠及抗过敏作用且长期给药无明显不良反应，避免了以往口服氯丙嗪引起的食欲减退和损害肝脏等副作用。

③ 从抗炎、抗毒角度出发，氢化可的松具有对多种原因引起的非感染性炎症有明显的非特异性抑制作用。因此，静脉点滴氢化可的松，按病貂个体大小一般为：体重 1～2kg，每次用药 2mL，加 5％葡萄糖 10mL；体重 3～4kg，每次用药 6mL，加 5％葡萄糖 20mL。同时口服盐酸异丙嗪 2.5mg、维生素 B_1 2.5mg、维生素 B_{12} 2.5mg，一次口服，每日 2 次。

④ 后海穴封闭疗法。可以通过穴位传导，使紊乱的神经得到抑制而恢复正常功能，阻断患部神经向中枢传导不良刺激，并使血管扩张。同时，采用 2％盐酸普鲁卡因 8～10mL 对病貂进行后海穴封闭，每日 1 次，连用 3～4d，以制止剧痛和瘙痒。

⑤ 为了辅助治疗防止病症复发，可用药静脉点滴配合每天饲喂自咬粉。自咬粉配方如下：蛋氨酸 2g，地西泮 2.25g，地塞米松 0.5g，马来酸氯苯那敏 0.5g，亚硒酸钠-维生素 E 预混剂适量。以上药品研末混匀，拌入饲料内服用，每日 3 次，每次 1 包，连用 5d。

（2）预防

从日常管理、饲料配方、环境改善等方面做好预防，以有效降低发病率、提高毛皮质量。

① 禁止外界各种毛皮动物进入圈舍，笼舍定期消毒；发现病貂早隔离、早治疗。

② 养殖场要建在环境安静无干扰处，保证笼舍有适宜的温度、湿度、良好的光照和通风；夏季要防止阳光强烈照射，同时保证水貂有足够的活动空间。提高饲养员综合管理素质，减少各种应激因素。

③ 保证饲料全价、多样化。研究发现，在饲料中添加 1％～2％的羽毛粉可以有效降低自咬症发病率。水貂的全年日粮中应添加足够

数量的无机硒，使用足够数量的粉状维生素 E 和其他抗氧化剂。因此，可以在饲料中全年添加亚硒酸钠-维生素 E 预混剂。同时，在每年 3～5 月份和 9～12 月份的换毛季节，日粮中应补充充足的含硫氨基酸。同时保证饲料质量，防止霉变。

④ 坚决淘汰自咬种貂，为保证种貂数量而无法完全淘汰时，应避免纯自咬种貂间的繁殖。

参考文献

[1] 白献晓，向前.水貂高效饲养指南 [M].郑州：中原农民出版社，2002.

[2] 高明，王立泽，李小平.水貂养殖新技术问答 [M].石家庄：河北科学技术出版社，2013.

[3] 韩福栋.科学养貂一月通 [M].北京：中国农业大学出版社，2000.

[4] 李光玉，等.狐貉貂养殖新技术 [M].北京：中国农业科学技术出版社，2006.

[5] 李志鹏，李光玉，钟伟，等.水貂配种方式的对比研究 [J].中国畜牧兽医，2011，38（2）：255-257.

[6] 李忠宽，李红，张秀莲.科学养貂200问 [M].北京：中国农业出版社，2007.

[7] 李忠宽.特种经济动物养殖大全 [M].北京：中国农业出版社，2001.

[8] 李忠宽，等.科学养貂及皮张加工220问 [M].北京：中国农业出版社，2002.

[9] 刘国世.经济动物繁殖学 [M].北京：中国农业大学出版社，2009.

[10] 刘晓颖，等.水貂养殖新技术 [M].北京：中国农业出版社，2009.

[11] 马永兴，朱文进，刘乃强.水貂养殖与疾病防治技术 [M].北京：中国农业大学出版社，2010.

[12] 马泽芳.美国水貂养殖业及其养殖技术 [J].经济动物学报，2015，19（1）：6-9.

[13] 马泽芳，崔凯，王书安，等.光照对繁殖期水貂体内孕酮及繁殖性能的影响 [J].中国畜牧杂志，2016，52（7）：71-75.

[14] 苏伟林，容敏.养貂技术简单学 [M].北京：中国农业科学技术出版社，2015.

[15] 佟煜仁，潭书岩.图说高效养水貂关键技术 [M].北京：金盾出版社，2007.

[16] 佟煜仁，张志明.图说毛皮动物毛色遗传及繁育新技术 [M].北京：金盾出版社，2009.

[17] 汪恩强，金东航，黄会岭.毛皮动物标准化生产技术 [M].北京：中国农业大学出版社，2003.

[18] 王凯英，李光玉.水貂养殖关键技术 [M].北京：金盾出版社，2014.

[19] 王利华.水貂高效养殖关键技术 [M].北京：中国农业出版社，2018.

[20] 王振勇，等.特种经济动物疾病学 [M].北京：中国农业出版社，2009.

[21] 熊家军.特种经济动物生产学 [M].北京：科学出版社，2009.

[22] 熊家军.特种经济动物生产学 [M].2版.北京：科学出版社，2020.

[23] 徐阿慧，方霓梦，陈德鸿，等.动物蛋白饲料资源——昆虫饲料 [J].江西饲料，2019，3：12-16.

［24］ 张勇，蒋广德.重大动物疫病综合防控技术［J］.现代农业科技，2018，19：263-264.

［25］ 张志明.从中国与丹麦、美国水貂养殖现状比较看中国水貂产业化发展方向［J］.特种经济动植物，2005（9）：2-5.

［26］ 赵元楷，籍玉林，曲维江，等.蓝狐自咬症与遗传的关系［J］.毛皮动物饲养，1996（3）：6-7.